Dr. Wolfgang Hensel

Der kleine Unkrautschreck

Davor graut dem schlimmsten Kraut

Inhalt

Kraut –
Wildkraut –
Unkraut

Wie die Kräuter zu Unkräutern wurden

Die Unkräuter waren zuerst da! Allerdings hießen sie noch nicht so – Pflanzen hatten keine Namen, da niemand daran dachte, sie zu benennen.

Lange bevor die Menschen daran dachten, Felder oder gar Gärten anzulegen, besiedelten Pflanzen bereits jegliche **freie Fläche.** Auf Waldlichtungen und im lichten Schatten von Bäumen fühlten sich Brennnesseln, Giersch oder Schöllkraut wohl. Auf offenen, sandigen oder steinigen Böden gediehen Gänsefuß, Vogelmiere und Wegerich, während sich in den feuchten Flussniederungen oder am Rand sumpfiger Wiesen Klebkraut, Sauerampfer und Winden prächtig entwickelten.

Als die ersten Bauern der Jungsteinzeit damit anfingen, Tiere zu halten statt zu jagen und Pflanzen anzubauen statt Wildbeeren zu sammeln, begannen für manche wilde Kräuter **paradiesische Zustände.** Besonders ein paar Gräser, die sich bislang eher schlecht als recht durchgeschlagen hatten – das spätere Getreide – durften sich nun frei entfalten, weil sie nahrhafte Früchte (Karyopsen) ausbildeten. Die Menschen rodeten Bäume und legten freie Flächen an, die diesen ganz speziellen Gräsern optimale Entfaltungsmöglichkeiten boten. Und sie pflanzten andere Wildpflanzen, die schmackhafte Blätter, Knollen oder Früchte lieferten. Damit setzten die Bauern der Jungsteinzeit die erste Wegmarke einer langen Geschichte: Sie erkannten bestimmte Wildkräuter als nützlich an und beförderten sie zu „Nutzpflanzen". Von den neuen baumfreien Flächen profitierten aber auch Wildkräuter, die den Menschen ganz und gar nichts zu bieten hatten. Diese Kräuter begannen ihren jahrtausendelangen **Eroberungszug in die Felder und Gärten** der Bauernhöfe, Dörfer und Städte – immer auf der Suche nach freien Flächen.

Wer sich zum ersten Mal über die „unnützen" Kräuter aufregte und ihnen den Kampf ansagte, bleibt im Dunkel der Geschichte verborgen. Sicher ist nur eines: Heute, am Ende einer langen Entwicklung, unterscheidet der gärtnernde Mensch eindeutig zwischen **Gut und Böse**, zwischen Kraut und „Un"kraut.

In diesem Buch geht es nicht um die Unkräuter auf großen Feldern, die den Bauern das Leben erschweren, sondern nur um jene Vertreter der Gruppe, die sich zwischen den Blumen des Staudenbeetes oder den Salatköpfen breitmachen.

Für viele Freizeitgärtner auf ihren winzigen Gartenparzellen ist jedes einzelne Exemplar eines Unkrautes der Feind. Mit welchen Mitteln sie den **Kampf gegen das Unkraut** führen, hängt von ihrer Persönlichkeit ab:

Bei manchen Zeitgenossen drängt sich der Eindruck auf, sie führten Krieg gegen einen grünen Feind. Sie ziehen **hochgerüstet mit Waffen** (Hacken, Wurzelstecher und Flammenwerfer) und chemischen Kampfstoffen (Herbizide) in die Schlacht.

Die **ökologisch verantwortungsbewussten Gärtner** – sie sprechen gerne von „unerwünschten Wildkräutern" oder „Beikräutern" – gestehen allen Pflanzen ein Lebensrecht zu. Doch einer hartnäckigen Quecke im Beet machen auch sie mit der Jätehacke den Garaus, ökologisch korrekt und mit schlechtem Gewissen.

Die überwiegende Mehrzahl der Hobbygärtner dürfte allerdings einer dritten Kategorie angehören. Sie **ärgern sich über die Unkräuter im Beet,** werden aber erst aktiv, wenn die Blüten von Glockenblumen, Dahlien und Astern zwischen dem unerwünschten Grün zu verschwinden drohen.

Gleichgültig mit welcher Strategie man auch vorgeht: das Unkraut hat den längeren Atem! Sobald der Druck im Beet nachlässt, wagen sich früher oder später die ersten zarten Blättchen ans Licht und machen sich auf den langen Marsch zur Eroberung jeglicher Freiflächen.

Wie exotische Unkräuter zu Gartenblumen befördert wurden

Wie die **Gärten der Frühgeschichte** aussahen, können die Archäologen nur unzureichend rekonstruieren. Wahrscheinlich legten die Menschen aber größeren Wert auf Nutz- als auf Zierpflanzen. Sobald schriftliche und bildliche Überlieferungen vorliegen, ändert sich das Bild: Zierpflanzen spielten in geschichtlicher Zeit, bei Persern, Römern oder im Ägypten der Pharaonen, eine größere Rolle. Noch später wuchsen selbst in den streng gegliederten, mittelalterlichen Klostergärten nördlich der Alpen einige Heil- und Küchenkräuter, die man durchaus als Zierpflanzen werten könnte, wie Madonnen-Lilie, Rosen oder Schlaf-Mohn.

Allen diesen Gärten war jedoch eines gemeinsam: Darin wuchsen nur Pflanzenarten der näheren und weiteren Umgebung.

Das sollte sich schlagartig ändern, nachdem mutige Forschungsreisende den Seeweg um Afrika nach Asien und über den Atlantik nach Amerika erschlossen hatten. In den Jahrzehnten und Jahrhunderten, die darauf folgten, reisten **„Pflanzenjäger"** um die Erde und versorgten die

pflanzenhungrigen
Europäer mit
immer neuen
exotischen
Arten. Viele
davon
waren in
ihren Hei-
matländern
kaum mehr
als Unkräuter,
die erst durch
die lange Reise zu
Zierpflanzen befördert

wurden. Die berühmtesten dieser Pflanzenjäger sandte
England aus, denen die europäische Gartenkunst unzählige
Unkräuter – pardon: Zierpflanzen – verdankt.
Ganz ohne dramatische Segeltouren kamen die Tulpen
nach Europa, die in ihrer asiatischen Heimat einfache
Steppenunkräuter waren. Persische Sultane beförderten sie zu Zierpflanzen und züchteten daraus immer
kostbarere Sorten. Die zweite Beförderung erhielten
die Tulpen in Holland. Manche holländischen Händler
richteten sich finanziell zugrunde, weil sie mit den Tul-

penzwiebeln spekulierten und hohe Summen riskierten – in der berühmten „Tulpenmanie" um die Mitte des 16. Jahrhunderts.

Es würde zu weit führen, hier die Geschichte der **Pflanzenimporte** zu beschreiben, daher nur einige Beispiele aus **zwei Ursprungsregionen:**

Die **amerikanischen Prärien** in ihrer ungestörten Form waren die Heimat zahlreicher Wildkräuter/Unkräuter. Ihre hübschen Blüten gefielen den Siedlern und bald kamen erste Arten auch nach Europa und setzten sich rasch in den Gärten durch. Ganz sicher wachsen einige der folgenden Arten auch in Ihrem Garten und werden garantiert nicht als Unkräuter gejätet: Aster (*Aster*), Igelkopf (*Echinacea*), Indianernessel (*Monarda*), Mädchenauge (*Coreopsis*), Nachtkerze (*Oenothera*), Phlox (*Phlox*), Prachtscharte (*Liatris*), Sonnenblume (*Helianthus*), Sonnenhut (*Rudbeckia*) und andere mehr.

Ein wichtiges Ursprungsland für Zierpflanzen wurde auch **Südafrika,** dem wir beispielsweise Kapfuchsien (*Phygelius*), Lobelien (*Lobelia*), Montbretien (*Montbretia*) oder die Schwarzäugige Susanne (*Thunbergia*) verdanken.

Exoten schlagen zurück

Einige exotische Zierpflanzen schlugen allerdings zurück und wurden in Europa wieder das, was sie in ihrer Heimat waren: Unkräuter. Das hübsche **Drüsige Springkraut** (*Impatiens glandulifera*) stammt aus dem Himalaja. Wegen der ungewöhnlich großen Blüten wurden die ersten Exemplare 1837 in Dresden als Zierpflanzen ausgesät. Die einjährige Pflanze schießt ihre Samen mehrere Meter weit und eroberte mit dieser Strategie die europäischen Flussufer und andere feuchte Standorte. Wo es sich festgesetzt hat, verdrängt das Springkraut die heimische Flora.

Noch aggressiver geht der **Japanische Flügelknöterich** vor (*Fallopia japonica*). Einst als Zierpflanze in Parks gepflanzt, breitet er sich über unterirdische Ausläufer am Ufer von Gewässern aus. Brechen Teile des Rhizoms ab, schlagen sie an anderer Stelle wieder Wurzeln.

Wegen ihrer Gefährlichkeit (giftige, Haut reizende Substanzen) taucht die **Herkulesstaude** (*Heracleum mantegazzianum*) regelmäßig in Pressemitteilungen auf. Sie stammt aus dem Kaukasus und wurde erst um 1900 als Zier- und Bienenpflanze eingeführt. Inzwischen ist sie mit aggressivem Wuchs und unzähligen Samen auf dem Siegeszug durch Europa.

Trickreiche
Unkräuter

Eindringlinge und radikale Überlebenskünstler

Warum sind Unkräuter so enorm erfolgreich? Während Hobbygärtner ihre Blumen und das Gemüse nach ästhetischen und geschmacklichen Kriterien auswählen und einpflanzen, besiedeln heimische Wildkräuter nur Gartengrundstücke, an dessen Bedingungen sie optimal angepasst sind: an Bodenstruktur und -feuchte, Belichtung und Bewuchs der Fläche (offen, Rasen, Blumen, Gehölze, sogar Kies und Platten). Alle anderen Wildkräuter meiden die ihnen nicht zusagenden Flächen. Lässt man die Unkräuter völlig frei gewähren,

setzt sich letztlich eine **standortgerechte Wildkräuterpopulation** durch, die sogar andere einheimische Arten verdrängt. Gegen diese genetische **Fitness der Wildkräuter** haben die hübschen Exoten, mit denen Gärtner gerne ihre Beete bepflanzen, kaum eine Chance: Die Wilden übernehmen die Vorherrschaft im Beet. Dabei ist die ökologische Anpassung an den Standort nur die Voraussetzung für die eigentlichen Tricks der raffinierten Eindringlinge.

• Die Masse macht's: Einjährige Kräuter •

Einjährige Kräuter (Annuelle) vollenden ihren gesamten Lebenszyklus innerhalb eines Jahres. Aus einem Samen treibt die Keimpflanze aus, wächst heran, bildet Blüten, wird bestäubt und dann reifen in den Früchten die Samen heran. Im Samen wartet der Embryo gut geschützt vor der Kälte des Winters auf das nächste Jahr. Gärtner bezeichnen die Einjährigen auch als „Samenunkräuter" (dazu gehören allerdings auch einige mehrjährige Stauden). Soweit die nackte botanische Theorie.
Besonders **erfolgreiche einjährige Unkräuter** verändern die Randbedingungen aber ganz entscheidend zu ihren Gunsten:

Sie bilden ihre Samen nicht nur einmal pro Jahr, sondern zwischen Keimung und Samenbildung vergehen nur ein paar Monate oder gar Wochen: **Mehrere Samengenerationen pro Jahr** nutzen jede freie Fläche im Beet.

Während die meisten Zierpflanzen nur wenige Wochen im Jahr blühen, dauert die **Blühperiode mancher Unkräuter fast das ganze Jahr**; sie streuen ihre Samen also viele Monate lang im Garten aus.

Sie geben sich nicht mit ein paar Samen pro Pflanze zufrieden, sondern bilden Hunderte, Tausende, **bis hin zu Zehntausenden von Samen.** Jeder einzelne ist ein potenzielles Unkraut.

Zu allem Überfluss (für den Gärtner, nicht für die Pflanze) **schützt die Samenhülle vieler Annuellen den Embryo** erfolgreich vor den Unbilden des Wetters. Statt zu verrotten, liegen die Samen jahre- bis jahrzehntelang im Boden und warten nur auf günstige Bedingungen, um cholerische Gärtner zur Weißglut zu bringen.

Was tun? Zum Glück brauchen manche Samen eine bestimmte Tageslänge, ehe sie auskeimen (die so genannten

Lichtkeimer). Ihnen kann man mit einer dicken Mulch-schicht dauernde Nacht vortäuschen. Bei allen anderen hilft nur fleißiges Jäten, um sie schon im Jugendstadium zu entfernen.

Auswahl gefällig? Behaartes Schaumkraut, Ehrenpreis (einige Arten), Einjähriges Rispengras, Franzosenkraut, Kleine Brennnessel, Kreuzkraut, Vogelmiere

• Lästig mit Verzögerung: Zweijährige Kräuter •

Die zweijährigen Kräuter setzen auf Unauffälligkeit. Im ersten Jahr entwickeln sich aus ihren Samen nur Wurzeln und grüne Blätter. Erst im zweiten Jahr wächst daraus ein gut sichtbarer Blütenstängel empor, dessen Samen für die weitere Verbreitung sorgen. Zum Glück für den Gärtner sind zweijährige Unkräuter selten.

Was tun? Am sichersten sind die Zweijährigen im ersten Jahr beim regelmäßigen Jäten zu entfernen, damit sich keine Blütenstängel bilden können.
Auswahl gefällig? Große Klette, Hirtentäschel

• Alle Jahre wieder: Stauden •

Stauden überleben die frostigen Tage des Winters, indem sie einen Teil ihrer Biomasse opfern: Alle grünen, oberirdischen Organe erfrieren und sterben ab, während die Speicherorgane gut geschützt unter der Erdoberfläche (oder sehr dicht an der Oberfläche) auf die Wärme des nächsten Frühjahrs warten. Aus den Knospen dieser Überwinterungsorgane treibt die Pflanze neu aus. Sie bleibt also mehrere Jahre lang als Individuum erhalten.

Selbstverständlich bildet auch eine Staude Samen, die wie
ein- und zweijährige Kräuter im nächsten Frühling eine
neue Chance bekommen. Während sich bei den Einjährigen immer nur eine Generation von Pflanzen im Beet
breitmacht – schwacher Trost –, wachsen in einem nicht
gejäteten Beet neben der „Mutterstaude" die „Tochter-
stauden" (aus den Samen) und deren Töchter und deren
Töchter …

Was tun? Gegen Stauden hilft am besten
regelmäßiges, tiefes Jäten, bei dem die im
Boden steckenden Überwinterungsorgane,
wie Wurzeln, Wurzelstöcke (Rhizome)
und Knollen (nicht bei typischen
Unkräutern) gründlich entfernt
werden müssen. Aber lei-
der gibt es eine Reihe
von Stauden, deren
Überwinterungsor-
gane sich erfolgreich
gegen einfaches Jäten
sträuben.

• Stauden mit Tiefgang: Tiefwurzler •

Stauden mit tief reichendem, verzweigtem Wurzelwerk oder einer einzigen, stark verdickten Pfahlwurzel (Modell Möhre) gehören zu den hartnäckigsten und unangenehmsten Vertretern der Unkräuter. Einfach nur ausreißen ist kaum möglich, dazu sitzt die Wurzel zu fest. Doch selbst wenn es (scheinbar) gelingt, die Wurzel zu entfernen, ist der „Feind" nicht besiegt: Verbleibt ein kleines Wurzelstück in der Erde, treiben daraus neue Sprosse aus, die schon bald eigene, tiefe Wurzeln bilden. Besonders unangenehm in dieser Hinsicht ist der Löwenzahn.

Was tun? Bei den Tiefwurzlern bewahrheitet sich der alte Spruch vom „Ausrotten mit Stumpf und Stiel". Bei einer etablierten Pflanze hilft nur ein Handspaten und die gründliche Entfernung aller Wurzelstücke (umliegenden Boden kontrollieren). Ansonsten gilt ein noch älterer Spruch: „Wehret den Anfängen!" Wenn schon die Jungpflanze mit ihrer zarten Wurzel aus dem Boden gezogen (Rasen) oder das Beet gejätet wird, kann sich das tief reichende Wurzelwerk nicht ausbilden.
Auswahl gefällig? Ackerwinde, Ampfer, Disteln, Wiesenklee, Löwenzahn, Scharfer Hahnenfuß, Spitz-Wegerich

• Schleichende Eroberer: Pflanzen mit Ausläufern •

Noch lästiger sind die Staudenunkräuter, die sich nicht ausschließlich über Samen vermehren. Botaniker bezeichnen diese Fähigkeit als „vegetative Vermehrung". Ironischerweise nutzen auch die Gärtner diese Technik, wenn sie ihre Blütenstauden über Absenker oder Ausläufer vermehren wollen. Ausläufer sind Sprossachsen, die nicht nach oben, sondern horizontal über oder unter der Erde wachsen.

Aus den Knospen der Ausläufer treiben neue und dann wieder aufrecht wachsende Triebe aus, die sich von der Mutterpflanze lösen und zu eigenständigen Pflanzen werden. Die bekannteste Ausläuferpflanze dürfte die Erdbeere sein. Die meisten Gärtner kennen einen sicheren Trick, um neue Erdbeerpflanzen zu bekommen: Man wartet einfach ab, bis sich auf einem Ausläufer eine bewurzelte Tochterpflanze gebildet hat, knipst den Ausläufer ab und setzt die neue Pflanze ein. Bei Unkräutern ist dieser Trick fatal, denn sie verbreiten sich über die Ausläufer äußerst effektiv.

Was tun? Frühes Entfernen ist der sicherste Weg, die Ausläuferunkräuter loszuwerden. Haben sich die Tochterpflänzchen erst an den Ausläufern bewurzelt und bilden ihrerseits Ausläufer, kann man beinahe zusehen, wie das Unkraut an Boden gewinnt.

Auswahl gefällig? Unterirdische Ausläufer: Giersch, Große Brennnessel, Quecke; oberirdische Ausläufer: Ackerwinde, Kriechender Hahnenfuß, Weißklee

• Teile und herrsche: Regeneration aus Bruchstücken •

In diese Gruppe von Unkräutern gehören die unterschiedlichsten Vertreter der Stauden – von den Tiefwurzlern bis zu den Ausläuferpflanzen. Ihre Erfolgsstrategie beruht darauf, dass selbst aus kleinsten Bruchstücken der Wurzeln oder Ausläufer eine neue, oberirdische Pflanze austreiben kann. Jetzt wäre es Zeit für eine persönliche Anmerkung: Unser Haus steht auf einem Grundstück, das komplett von Brombeergebüsch überwuchert war. Noch nach fast 20 Jahren schließen wir jedes Frühjahr Wetten ab, an welcher Stelle des Gartens sich diesmal ein Brombeertrieb ans Licht schiebt.

Was tun? Jäten und frühes Eingreifen kurieren nur die Symptome. Die einzige einigermaßen wirkungsvolle Maßnahme gegen Unkräuter, die sich aus Wurzel-/ Sprossstücken regenerieren, ist die totale Dunkelheit (siehe Seite 55, vorbeugende Maßnahmen).

Auswahl gefällig? Ackerwinde, Brennnessel, Brombeere, Giersch, Löwenzahn, Quecke, Weißklee

Kenne
deine
Geg

ner

Von A bis Z: Unkräuter im Visier

Theoretisch könnte man sich die Bestimmung der Unkräuter sehr einfach machen: Alles, was weder gepflanzt noch gesät wurde, muss raus! In der Praxis ist es aber hilfreich zu wissen, welcher Störenfried die Ordnung des Beetes stört, um die Maßnahmen darauf abzustimmen. Für eine päzise Bestimmung der zahlreichen Daten greift man besser auf ein „echtes" Bestimmungsbuch zurück.

• Giersch (*Aegopodium podagraria*) •

Der Giersch ist eine üppig wachsende, 50 bis 80 cm hohe Staude mit aufrechtem, hohlem Stängel; er ist gut sichtbar längs gefurcht. Die einzelnen, weißen Blüten sind nur 2 bis 3 mm breit. Sie stehen in flachen Dolden (Blütezeit Juni bis Juli). **Jeweils 10 bis 18 solcher Dolden bilden eine große Dolde.** Die Blätter stehen einzeln am Stängel; der Ansatz ist in eine breite Scheide eingehüllt. Alle Blätter sind gefiedert: Die untersten Blätter haben 3 bis 10 cm lange Fiedern, die Fiedern der Stängelblätter sind in der Regel nochmals geteilt. Die Zacken der Blattränder weisen zur Blattspitze. Giersch ist ein äußerst lästiges, hartnäckiges Unkraut, weil er lange, unterirdische Ausläufer bildet.

• Große Klette (*Arctium lappa*) •

Die Große Klette ist eine zweijährige, 60 bis 150 cm hohe Pflanze. Die röhrenförmigen, rot bis rotvioletten Blüten sind in **kugeligen Körbchen** (Durchmesser 3 bis 4,5 cm) zusammengefasst; Blütezeit Juli bis September. Jedes Hüllblatt des Körbchens endet mit einem **langen Hakenstachel.** Diese „Klette" haftet als Ganzes am Fell von Tieren fest und verbreitet die Samen. Der kräftige Stängel ist längs gefurcht und häufig rot überlaufen. Die Grundblätter werden bis 40 cm breit und 50 cm lang.

• Hirtentäschel (*Capsella bursa-pastoris*) •

Das Hirtentäschel ist eine ein- bis zweijährige Pflanze, die 5 bis 50 cm hoch wird. Die weißen, nur 3 bis 5 mm breiten Blüten haben vier Blütenblätter (Blütezeit Februar bis November). Auffälliger und ein sicheres Kennzeichen sind die etwa **herzförmigen Schötchen**, die an kahlen Stielchen vom Stängel abstehen. Der Stängel wächst gerade aufrecht oder ist verzweigt. Die größeren Blätter liegen fast dem Boden auf; sie sind lang und ähnlich wie beim Löwenzahn einge-schnitten. Die viel kleineren Stängelblätter stehen einzeln; sie umfassen den Stängel mit spitzen Fortsätzen.

• Behaartes Schaumkraut (*Cardamine hirsuta*) •

Diese einjährige Pflanze wird auch Garten-Schaumkraut genannt (Nomen est omen!). Sie wird zwischen 5 und 25 cm hoch. Die weißen Blüten mit vier Blütenblättern werden nur 3 bis 4 mm breit (Blütezeit März bis Juni; September bis November). Als Frucht wird eine **etwa 2 cm lange, 1 mm dicke Schote** ausgebildet, die ihre Samen weit von der Mutterpflanze wegschleudert. Der Stängel ist kurz über dem Boden verzeigt. Die meisten **Blätter sitzen dicht über dem Boden;** sie sind gefiedert mit vier bis acht rundlichen Teilblättchen und einem größeren Endblättchen. Die Stängelblätter stehen einzeln und sind deutlich kleiner.

• Acker-Kratzdistel (*Cirsium arvense*) •

Die Acker-Kratzdistel ist eine Staude. Korbblütengewächse sind nicht ganz einfach zu bestimmen, daher könnte es durchaus sein, dass sich gerade in Ihrem Garten eine andere, aber ähnliche Art festgesetzt hat. Die Acker-Kratzdistel wird bis 150 cm hoch, bleibt aber häufig kleiner. Die **röhrenförmigen Einzelblüten** sind lila bis blaurosa gefärbt und stehen in einem **1 bis 2 cm langen, bis 1 cm breiten Körbchen** zusammen (Blütezeit Juli bis Oktober). Der aufrechte Stängel ist nur im oberen Bereich verzweigt und trägt keine Stacheln. Die länglichen Blätter stehen einzeln; sie sind tief zu etwa dreieckigen Zipfeln eingeschnitten, die **am Ende in einen langen Stachel** auslaufen.

• Ackerwinde (*Convolvulus arvensis*) •

Eine blühende Ackerwinde, sie gehört zu den Stauden, bietet eigentlich einen hübschen Anblick. Die **trichterförmig weit ausgebreitete Blüte** (Blütezeit Mai bis September) ist **weiß bis streifig rosa** gefärbt und 3 bis 4 cm im Durchmesser. Diese hübsche Pflanze kann recht unangenehm werden, weil sie sich im Rasen oder zwischen Stauden festsetzt. Ohne „Kletterhilfen" kriecht sie über den Boden, windet sich aber auch an anderen Pflanzen hoch. Bei der Ausbreitung hilft ihr ein tief in den Boden eindringendes Rhizom – oberirdisches Jäten kann die Ackerwinde nicht entfernen. Die Blätter stehen einzeln; ihre Form erinnert an einen alten Spieß.

• Quecke (*Elymus repens*) •

Die Quecke ist ein Gras, das sich zur Plage entwickeln kann. Der Wurzelstock treibt aus winzigen Bruchstücken immer wieder neu aus. Wie viele Gräser ist auch die 30 bis 150 cm hohe Quecke nicht leicht zu bestimmen. Die gesamte Ähre am Ende des aufrechten Halmes ist 5 bis 15 cm lang und besteht aus **versetzt angeordneten Ährchen** (jedes mit fünf bis sieben Einzelblüten; Blütezeit Mai bis Oktober). Die Hüllblätter enden mit einer kurzen Granne (borstenförmiger Fortsatz an Gräsern). Die Blätter sind 5 bis 10 mm breit und tragen am Übergang zur Blattscheide **sichelförmige Öhrchen.** Gegen das Licht betrachtet sehen die **Blattnerven** weiß aus.

• Kleinblütiges Franzosenkraut
(*Galinsoga parviflora*) •

Diese einjährige Pflanze stammt aus
Chile und hat aus Botani-
schen Gärten den Sprung
nach Europa geschafft – ein
sehr erfolgreicher Einwande-
rer. Das Franzosenkraut ist 20
bis 60 cm hoch und blüht mit
winzigen Blüten in nur 7 mm
breiten Körbchen. Die **inneren
Blüten des Körbchens sind
gelb, die äußeren Blüten
weiß** (Blütezeit
Juni bis Okto-
ber). Der auf-
recht wachsende
Stängel ist ver-
zweigt, die Blätter
stehen paarweise. Sie
sind etwa eiförmig, zu-
gespitzt und werden zum
Stiel hin immer schmaler.

• Breit-Wegerich (*Plantago major*) •

Der Breit-Wegerich ist eine robuste Staude, deren Blätter dem Boden anliegen. Die winzigen, grünlichen Blüten sitzen in einem **walzenförmigen Blütenstand** (Blütezeit Juni bis Oktober) am Ende eines 10 bis 30 cm hohen, **blattlosen Stängels.** Die zähen Blätter sind etwa oval und von kräftigen Blattnerven durchzogen. Der Breit-Wegerich wächst sogar auf stark verdichtetem Boden und ist trittfest. Sehr ähnlich – mit schmalen Blättern – ist der Spitz-Wegerich (*P. lanceolata*), dessen Pflanzensaft das Jucken von Insektenstichen lindert.

• Scharfer Hahnenfuß (*Ranunculus acris*) •

Der Scharfe Hahnenfuß ist eine bis 1 m hoch wachsende Staude, kann aber auch deutlich kleiner bleiben. Die 2 bis 3 cm breiten, glänzend gelben Blüten (Blütezeit Mai bis September) stehen zu mehreren in einem lockeren Blütenstand an runden Blütenstielen. Der Stängel wächst stets aufrecht und ist verzweigt. Die **untersten Blätter sind handförmig geteilt** und die Abschnitte nochmals tief eingeschnitten. Nach oben zu werden die Blätter kleiner und sind kaum noch zerteilt.

• Kriechender Hahnenfuß (*Ranunculus repens*) •

Der Kriechende Hahnenfuß ist eine Staude mit 2 bis 3 cm breiten, glänzend gelben Blüten (Blütezeit Mai bis August). Die Blüten sind lang gestielt und stehen zu mehreren zusammen. Hahnenfußarten sehen sich recht ähnlich, der Kriechende Hahnenfuß verrät sich aber durch seinen liegenden bis aufgerichteten Stängel (10 bis 50 cm hoch), von dem Ausläufer ausgehen. Die **sehr langen Ausläufer** tragen Blätter und können sich an den Ansatzstellen der Blätter bewurzeln. Die Blätter stehen jeweils einzeln am Stängel. Sie sind in mehrere Fiedern geteilt **(Grundblätter dreizählig)**, die ihrerseits nochmals geteilt bis tief eingeschnitten sind.

• Gewöhnliches Greiskraut (*Senecio vulgaris*) •

Das Kreuzkraut oder Greiskraut ist eine giftige einjährige Pflanze, die bis 40 cm hoch werden kann. Die gelben Einzelblüten (innen röhren-, selten außen zungenförmig) stehen in 5 mm breiten und 1 cm langen Körbchen zusammen (Blütezeit Februar bis Dezember), die in einem lockeren Blütenstand angeordnet sind. Die Hüllblätter des Körbchens laufen in eine fast schwarze Spitze aus. Zur Reifezeit des Körbchens fallen die flaumig weißen Flughaare der Blüten auf („Greisenhaare"). Der Stängel ist verzweigt, kahl oder wollig behaart. Die einzeln stehenden, länglichen Blätter sind tief eingeschnitten und die Blattunterseiten **spinnwebenartig behaart.**

• Acker-Gänsedistel (*Sonchus arvensis*) •

Die Acker-Gänsedistel ist eine Staude, die zwischen 50 und 150 cm hoch werden kann. Alle Teile enthalten einen weißen Milchsaft. Die Blütenkörbchen messen im Durchmesser 3 bis 4,5 cm und bestehen aus **gelben Zungenblüten** (Blütezeit Juli bis Oktober). Der aufrechte Stängel ist **nur im Blütenbereich verzweigt.** Die länglichen Blätter stehen einzeln; sie sind am Rand in Buchten eingeschnitten und mit zarten Stacheln besetzt. Sie sind ungestielt und umfassen den Stängel mit angedrückten, rundlichen Zipfeln.

• Raue Gänsedistel (*Sonchus asper*) •

Die Raue Gänsedistel ist eine einjährige, bis 120 cm hohe Pflanze. Auch sie enthält weißen Milchsaft. Die Blütenkörbchen messen 1,5 bis 2,5 cm im Durchmesser und bestehen nur aus **schmalen, gelben Zungenblüten** (Blütezeit Juni bis Oktober). Der Stängel wächst aufrecht und ist verzweigt. Die **Stängelblätter** stehen einzeln; sie sind **stachelig gezähnt** und die **Blattspreite läuft als Flügel den Blattstiel** herab. Die Blattbasis umfasst den **Stängel breit-herzförmig.**

• **Vogelmiere (*Stellaria media*)** •

Die Vogelmiere ist eine einjährige Pflanze, deren Stängel gewöhnlich über den Boden kriecht, unter günstigen Bedingungen aber bis 50 cm aufsteigen kann. Die nur 5 bis 7 mm breiten, weißen Blüten stehen einzeln und haben fünf Blütenblätter, die fast bis zum Grund eingeschnitten sind. Sie blüht von Januar bis Dezember. Auf Lücke zwischen den Blütenblättern sind die etwas längeren, grünen Kelchblätter angeordnet. Auf dem Stängel wächst **einseitig eine gut erkennbare Haarlinie,** die Blätter sind oval, zugespitzt und haben einen glatten Rand.

• Löwenzahn (*Taraxacum officinale*) •

Der Löwenzahn ist eine Staude. Er gehört zu den Pflanzen, die wirklich unverwechselbar sind. Blätter und der **hohle Schaft,** auf dem das Blütenkörbchen steht, enthalten **weißen, leicht giftigen Milchsaft.** Das Blütenkörbchen (Blütezeit März bis November) aus gelben Zungenblüten ist bis 5 cm breit und verwandelt sich zur Samenreife in die bekannte **„Pusteblume" mit Flughaaren.** In diesem Fall ist der Spaß für Kinder der Horror der Gärtner, denn aus jedem Samen kann eine neue Pflanze wachsen. Alle Blätter sitzen in einer Rosette auf dem Boden.

• Weißklee (*Trifolium repens*) •

Der Weißklee ist eine sehr robuste Staude, die 5 bis 20 cm hoch wird. Da sie Mähen verträgt und trittfest ist, siedelt sie sich gerne im Rasen an. Der **kriechende Stängel** ist verzweigt und kann sich **an den Knoten bewurzeln;** aus Bruchstücken entstehen neue Pflänzchen. In einem kugeligen, 15 bis 25 mm breiten Köpfchen stehen bis zu 70 weiße Blüten (Blütezeit Mai bis Oktober). Die Blüten werden von unten nach oben reif: Während die oberen noch weiß bis rosa überhaucht aussehen, stehen in der unteren Hälfte braune, vertrocknete Blüten. Die lang gestielten Blätter sind in drei längliche Fiederblättchen geteilt.

• Große Brennnessel (*Urtica dioica*) •

Die Große Brennnessel ist eine Staude, die sich über unterirdische Rhizome ausbreitet. Je nach Standort wird sie zwischen 30 und 250 cm hoch. Sie hat einen geraden, unverzweigten, vierkantigen Stängel, an dem gegenständige Blätter sitzen (je zwei einander gegenüber). Die gestielten Blätter sind am Rand sägeförmig eingeschnitten und tragen, wie der Stängel, **stark brennende Haare.** Der lateinische Artname verrät ihre Besonderheit: Die sehr unauffälligen, grünlichen Blüten sitzen nach Geschlecht getrennt auf unterschiedlichen Exemplaren – männliche Blüten an aufrechten, weibliche an bis 8 cm langen, hängenden Rispen (Blütezeit Juni bis Oktober).

• Kleine Brennnessel (*Urtica urens*) •

Die Kleine Brennnessel ist eine einjährige Pflanze. Sie wird maximal 50 cm hoch und hat einen geraden, unverzweigten, vierkantigen Stängel mit gegenständigen

Blättern. Im Unterschied zur Großen Brennnessel sind ihre am Rand sägeförmig eingeschnittenen Blätter rundlich bis eiförmig und **kürzer als der Stiel.** Mit maximal 5 cm Länge bleiben sie auch merklich kleiner. Blätter und Stängel sind mit **Brennhaaren** besetzt. Sie blüht von Mai bis November.

• Persischer Ehrenpreis (*Veronica persica*) •

Der einjährige „persische" Ehrenpreis stammt tatsächlich aus Vorderasien und machte sich, vermutlich aus Botanischen Gärten, auf seinen Eroberungsfeldzug durch Mitteleuropa. Er wird 10 bis 40 cm hoch. Seine himmelblauen **Blüten sitzen einzeln an langen Stielen in den Blattachseln** (Blütezeit bei mildem Wetter ganzjährig). Der Stängel wächst niederliegend bis aufsteigend und trägt in der Regel zwei gegenüberliegende Haarreihen. Die Blätter sind rundlich, gestielt und bis 2,5 cm lang. Der Blattrand ist grob gesägt.

Vorbeugen
ist besser

als
Bücken

Unkräuter ausbremsen

Wäre es nicht großartig, in einem Garten zu leben, in dem kein Unkraut wächst? Großartig vielleicht, aber völlig unmöglich! Wo kein Unkraut wächst, wachsen erst recht keine Zierpflanzen. Der einzige sichere Weg zur Unkrautvermeidung wäre eine totale Versiegelung des Bodens mit festen Elementen, aber wer möchte schon in einen betonierten Garten mit Plastikblumen blicken?

Immerhin gibt es **ein paar Tricks**, um das Unkraut zumindest im Zaum zu halten. Einen solchen „Garten mit gebremstem Unkraut" bekommt man allerdings nicht zum Nulltarif, sondern hier wird die Arbeit im Vorfeld geleistet.

Jeder Gartenbesitzer muss also selbst entscheiden, ob er die notwendige Arbeit lieber in die vorbeugende Unkrautbekämpfung steckt oder mit dem Unkraut lebt und es später mit größerem Arbeitsaufwand regelmäßig entfernt.

Wo nichts ist: Beeterde vorbereiten

Den Boden vor der Bepflanzung gründlich von allen Wurzeln und Wurzelstücken zu befreien, ist eine äußerst sinnvolle Maßnahme. Man sollte sich allerdings nicht in Sicherheit wiegen und glauben, nun seien jegliche Reste mehrjähriger Unkräuter entfernt – die Samen der Einjährigen sind ohnehin allgegenwärtig.

Mit einer Grabgabel, einer Hacke oder einem Grubber wird der Boden möglichst **tiefgründig durchkämmt.** Die dabei freigelegten Wurzeln der Unkräuter reißt man mit der Hand aus.

Manche Neubaugrundstücke zeigen noch nach Jahren, was alles in ihnen steckt. Unmittelbar nach Bauende sind die meisten Gartengrundstücke aber noch gut zugänglich. Daher sollten Sie vor dem Bepflanzen alle Flächen gründlich mit einer mechanischen **Gartenfräse** oder Motorhacke aufreißen. Gute Geräte sind groß, relativ teuer und würden im fertigen Garten später nutzlos herumstehen. Erkundigen Sie sich daher in einem großen Baumarkt oder Gartencenter, ob dort solche Geräte ausgeliehen werden. Mechanische Fräsen machen nur auf großen Flächen Sinn, in den üblichen kleinen Gartenbeeten kommt man mit Handarbeit besser zurecht.

Pro & Contra Die mechanische Bodenreinigung mit der Hand ist kein Allheilmittel, aber eine notwendige Maßnahme. Bevor ein Zierbeet bepflanzt wird, sollten die Wurzelunkräuter entfernt werden. Bei einem Gemüsebeet lohnt sich der Aufwand sogar jährlich, vor der Aussaat bzw. dem Einsetzen der Pflänzchen.

Verdrängungswettbewerb: Gründünger dicht an dicht

Die Gründüngermethode stammt aus dem Umfeld der Biogärtner, die ihn aus der klassischen Landwirtschaft (z. B. Dreifelderwirtschaft) übernommen haben. Gründünger wird vorrangig ausgesät, um den Boden mit Nährstoffen anzureichern oder ihn tiefgründig aufzulockern, der dichte Bewuchs dämmt aber auch das Unkraut ein.
Die **Leguminosen** oder Schmetterlingsblütengewächse leben in einer engen Gemeinschaft (Symbiose) mit bestimmten Bodenbakterien: Die Pflanze bildet in ihren

Wurzeln so genannte Knöllchen, die als Lebensraum für die Bakterien dienen. Im Gegenzug stellen die Bakterien Stickstoffverbindungen („Dünger") aus dem Stickstoff der Luft her. Das kann keine einzige so genannte „höhere (,,grüne") Pflanze". Pflanzen mit Wurzelknöllchen sind beispielsweise Lupinen und Wicken sowie die Nutzpflanzen Erbsen und Bohnen.

Eine weitere beliebte Gründüngerpflanze ist der **Senf.** Er keimt und wächst beinahe in Rekordgeschwindigkeit und kann bis in den Herbst gesät werden. Senf reichert den Boden zwar nicht mit Nährstoffen an, lockert ihn aber mit seinen Wurzeln gut auf. Viele Bauern schwören auf den **Bienenfreund** (*Phacelia*) und säen ganze Felder damit aus. Im Garten ist er noch selten, sieht aber auf größeren Flächen hübsch aus. **Ringelblumen** (*Calendula*) und **Studentenblumen** (*Tagetes*) sind keine Gründüngerpflanzen im engeren Sinn, sehen aber in gemischten Blütenfarben attraktiv aus und verdrängen viele Unkräuter. Wenn es die Beetplanung zulässt, tragen sie im bepflanzten Staudenbeet mit ihren Blütenfarben sogar zum Gesamtbild bei.

Die abgeblühten Pflanzen bleiben als Mulch den Winter über auf dem Beet liegen. Im Frühling sind die Reste auf dem Beet fast verrottet und werden untergeharkt. Wem das zu „unordentlich" aussieht, entfernt die oberirdischen Teile.

Pro & Contra Die Gründüngermethode funktioniert nur dann, wenn die Pflanzen sehr dicht ausgesät werden und anderen Kräutern keinen Platz lassen. Sind die Leguminosen erst abgestorben, ist die Fläche wieder offen – mit allerbesten Bedingungen für die Unkräuter. Immerhin ist der Boden anschließend tiefgründig gelockert, mit Stickstoff angereichert und bereit für die Bepflanzung mit Zier- oder Nutzpflanzen.

Empfehlenswert ist diese Methode nur für frische Baugrundstücke – gewissermaßen als Warteschleife bis zur endgültigen Bepflanzung – oder als Zwischenkultur im Gemüsegarten, um leere Beete übergangsweise zu füllen. Gründünger funktioniert nicht oder nur bedingt, wenn der Boden bereits stark verunkrautet ist, denn die Unkräuter sind nun einmal besser angepasst.

Versteck spielen:
Stauden dicht an dicht

Beeteweise Senfsaat ist sicher nicht jedermanns Sache. Aber warum sollte man das Prinzip nicht benutzen, um dem Unkraut Herr zu werden?

In einem dicht bepflanzten, gut entwickelten „englischen" Staudenbeet oder einer gemischten Rabatte wachsen die Zierpflanzen dicht an dicht und lassen den Unkräutern tatsächlich nur **wenig Raum.** Ab dem Frühsommer fällt das Unkraut zwischen den Stauden und Sträuchern daher kaum mehr auf.

Leider spielt eine ganze Reihe von Unkräutern das Spiel nicht nach den Regeln des Gärtners. Viele Einjährige keimen und fruchten, lange bevor die Stauden endgültig aus der Winterruhe erwacht sind und sich zu entfalten beginnen. Dann keimen und grünen die früh blühenden Unkräuter zwischen den Tulpen und Narzissen und verderben dem Genießer die Laune. Immerhin fallen die ersten Unkräuter des Jahres sofort auf und lassen sich **relativ problemlos jäten.** Später im Jahr greift dann das Prinzip des „Versteckspielens": Mit etwas Gelassenheit hält sich der Kampf gegen die grünen Störenfriede im Sommer in der Tat in Grenzen. Wenn dann beim Entfernen verwelkter Blüten regelmäßig eine Handvoll Unkräuter ausgezupft wird, kann man sich beinahe in Sicherheit wiegen.

Manche Gartenbücher empfehlen eine **dichte Decke** aus niederliegenden, bodendeckenden Sträuchern als Mittel gegen starke Unkrautbildung. Auch diese Maßnahme ist nur bedingt erfolgreich. Zwar fungiert eine durchgehende Blattbedeckung wie eine Mulchschicht (siehe Seite 58), Probleme treten aber immer dann auf, wenn sich trotz allem mehrjährige Unkräuter unter dem Strauch etablieren. Dann wird die Unkrautbekämpfung zur echten Plage, denn der Boden ist nicht mehr frei zugänglich.

Pro & Contra So einleuchtend die Methode auch scheint, den ultimativen Schutz gegen Unkräuter bietet sie nicht. Sie ist allerdings für Gärtner mit gesundem Sinn für Faulheit keine schlechte Sache. Zumindest im Sommer hält sich die Arbeit in Grenzen, weil das Wurzelwerk der Stauden mehrjährigen Unkräutern Konkurrenz macht und ihr dichtes Laub den Boden fast wie eine Mulchschicht abdeckt. In Kombination mit einer guten Vorreinigung des Bodens und gründlichem Jäten im Frühling ist eine dichte Bepflanzung daher durchaus empfehlenswert – außerdem sieht sie attraktiv aus! Der wichtigste Nachteil betrifft Beete mit Nutzpflanzen, wie Gemüse und Salate. Sie werden jedes Jahr neu gesät oder ausgepflanzt und brauchen Platz, um sich zu entwickeln. Sie können nicht lückenlos wachsen.

Im Dunkeln tappen: Aushungern unter Folie

Die Verdunklung des Bodens ist die **wirksamste Art** der vorbeugenden Unkrautbekämpfung. In den Samen einer **einjährigen Pflanze** sind nur Nährstoffe für die ersten Wurzeln und die Keimblätter gespeichert. Danach braucht die Pflanze Licht, um eigene Nährstoffe zu bilden und sich zu entwickeln. Nimmt man ihr das Licht, geht der Keimling ein. Eine relativ große Gruppe einjähriger Unkräuter, die so genannten Lichtkeimer, keimen sogar erst bei einer bestimmten Tageslänge aus (eigentlich „messen" die Samen die Dauer der Dunkelperiode). Diese Anpassung ist biologisch sinnvoll, denn lange Tage bedeuten Frühling und Frühling verspricht Wärme und gute Wachstumsbedingungen. Unter der schwarzen Folie – dem „Winter" – warten die Samen also vergeblich auf das Startsignal zur

Keimung. Für die **mehrjährigen Unkräuter** gelten andere Bedingungen. Ihre Triebe wachsen bis an die Oberfläche, werden aber ohne Sonnenlicht weiß und verlängern sich stark, um dem Licht entgegenzuwachsen. Ganz ohne Licht gehen aber auch sie letztlich ein. Allerdings haben Stauden in ihren unterirdischen Speicherorganen mehr Nährstoffe als die Samen der Annuellen gespeichert und halten länger durch.

Diese biologischen Voraussetzungen kann man im Garten nutzen, um das Unkraut „auszuhungern". Die Methode ist zwar aufwändig, funktioniert aber denkbar einfach: Zuerst wird die Erde umgegraben. Dabei werden die größeren Wurzelstücke mit der Hand aussortiert und entfernt. Dann legt man eine dicke, schwarze Teichfolie (dünne Müllsäcke lassen immer noch Licht durch) direkt auf die Erde eines leeren Beetes und fixiert sie gut mit Steinen, damit sie

am Rand nicht von den Trieben hochgehoben wird. Dann heißt es warten, warten, warten … Die Mindestdauer dieser Maßnahme beträgt drei bis vier Monate. Besser ist eine ganze Vegetationsperiode und noch sicherer zwei. Statt Teichfolie kann man auch mehrere Lagen Pappe auf das Beet legen. Die Pappdeckel müssen allerdings mehrfach ersetzt werden, weil Pappe verrottet. Der Anblick einer schicken, schwarzen Folie mitten im Garten ist sicher nicht berauschend, aber sie lässt sich, abgedeckt mit Mulch und verziert mit einigen Blumentöpfen/-kübeln, zu einem **Pseudo-Beet** aufwerten. Außerdem dient das Ganze einem guten Zweck.

Pro & Contra Wird der Boden vorher gründlich von Wurzeln befreit, ist die schwarze Folie unschlagbar. Wenn das Beet bepflanzt wird, finden die Zier- oder Nutzpflanzen einen „sauberen" Boden vor, in dem sie sich gut etablieren können. Sofern der Gärtner sich danach nicht nur im Liegestuhl aufhält, sondern fleißig erste Anzeichen ein- jähriger Unkräuter ausjätet, hat man für viele Jahre Ruhe vor dem größten Unkrautansturm. Wenn sich früher oder später dennoch die üblichen Verdächtigen einstellen, hilft nur jäten. Man kann die Folie prinzipiell auch in einem bereits bepflanzten Staudenbeet ausbreiten (streifenweises

Verlegen mit „Lücken" für die Stauden). In Verbindung mit einer Mulchschicht (siehe unten) ist dieser Trick durchaus sinnvoll. Gegen unschönes Schwarz hilft die zuvor erwähnte Verschleierungstaktik.

Nackt ist schlecht: Mulchen

Auch das Mulchen stammt aus der Trickkiste der Biogärtner. Während ein Stück nackten Bodens auf einjährige Unkräuter wie eine Einladung wirkt, unterdrückt eine Mulchschicht **Keimung und Wachstum** der Annuellen. Sie wirkt also gewissermaßen wie die schwarze Folie – nur in grüner Verkleidung: Lichtkeimer werden unterdrückt.

Eine Mulchschicht auf Staudenrabatten, unter Gehölzen und auf dem Gemüsebeet bietet aber noch mehr **Vorteile:** Unter dem Mulch trocknet die Erde nicht so leicht aus, weil die Verdunstung reduziert wird. Der Boden bleibt feuchter, lockerer und muss zwischen den Gemüsereihen nicht zu oft aufgehackt werden. Die letzte positive Nebenwirkung ist langfristig zu sehen. Organische Mulchmaterialien verrotten, d.h. sie verwandeln sich in Humus (eine Mulchschicht ist ein Komposthaufen in der Fläche). Während die oberste Schicht immer wieder nachgefüllt wird, bildet sich in der Grenzschicht zwischen Auflage und Erde neuer Humus.

Der beste Mulch stammt aus dem eigenen Garten. **Halb reifer Kompost** wirkt wie Unkrauthemmer und Dünger zugleich. Zusammen mit einer Auflage aus getrocknetem Grasschnitt ist er als Beetauflage kaum zu schlagen (allerdings nur dann, wenn keine Samen einjähriger Unkräuter auf dem Komposthaufen landen!).

Warum das **Herbstlaub** der Gartengehölze mit viel Mühe abrechen oder zum Ärger der Nachbarn mit dem nervenden Laubbläser umverteilen? Breiten Sie die Blätter als natürliche Mulchauflage unter den Sträuchern aus – Laubhumus liefert wertvolle Nährstoffe und hemmt das Unkraut. Auch gut angetrocknetes Gras und Stroh eignen sich als Mulch.

Rindenmulch aus dem Gartencenter ist zwar praktisch, trifft aber nicht jedermanns Geschmack. Der Rindenmulch im Sonderangebot besteht häufig aus handtellergroßen Rindenstücken und eignet sich nicht besonders gut. Er verrottet nur sehr langsam und senkt den pH-Wert des Bodens leicht ab (was aber bei normalen Gartenpflanzen keine Rolle spielt). Wer gerne Krach macht, kauft seinen Mulch nicht im Gartencenter, sondern zerkleinert die beim Gehölzschnitt anfallenden Zweige im Schredder. Die angetrockneten Schnipsel geben einen guten Mulch ab.

Frischer Mulch wird im Herbst in 5 bis 8 cm dicker Schicht aufgetragen und im Frühling, zu Beginn der Wachstumsperiode, nochmals ergänzt.

Pro & Contra Sollte das Mulchen wirklich die ultimative Methode der Unkrautbekämpfung sein? Tatsächlich wird die Keimung der Lichtkeimer unterbunden – das war's aber auch. Dunkelkeimer (Unkrautsamen, die auch ohne Tageslicht keimen) wachsen einfach durch die Mulchschicht durch und müssen mit der Hand gejätet werden. Auch für die Triebe von mehrjährigen Unkräutern bietet der Mulch kein Hindernis. Um sie nachhaltig zu entfernen, muss der Mulch weggescharrt und die unterirdischen Speicherorgane aus der Erde entfernt werden. Die wärmende Mulchschicht bietet zudem Schnecken und Mäusen Unterschlupf und auf schweren, tonreichen Böden kann sich unter einer dicken Mulchschicht Staunässe bilden. Schließlich sind dicke Auflagen aus frischen Blättern sehr anfällig für Fäulnis.
Fazit: Mulch ist zwar hilfreich im Kampf gegen die Unkräuter, erspart aber nicht das regelmäßige Jäten.

Ein bisschen von allem: Unkrautvlies

Als Jason in der griechischen Mythologie mit seinem Schiff auf die Suche nach dem Goldenen Vlies ging, standen ihm eine Menge Abenteuer bevor. Das Unkrautvlies (auch Unkrautfolie genannt) für den Garten bekommt man dagegen ganz ohne Abenteuer und für wenig „Gold" in größeren Gartencentern oder im Internet.

Anders als die schwarze Teichfolie ist ein Unkrautvlies speziell an die **Bedürfnisse von Pflanzen angepasst.** Es lässt das Regenwasser durch, ist aber dicht für den Unkrautangriff „von unten", es verhindert also das Durchwachsen von Wurzelunkräutern. Abgedeckt mit Mulch oder Kies verschwindet es völlig aus dem Blickfeld.

Bei der **Bepflanzung eines Beetes** wird die Folie auf dem glatt gerechten Boden ausgebreitet und am Rand gut befestigt (Pflöcke oder Kantensteine). Dann verteilt man die ausgesuchten Stauden in ihren Containern in der erwünschten Farb- und/oder Formkombination auf der Fläche. Wenn alles stimmt, wird das Unkrautvlies an den Pflanzstellen kreuzförmig eingeschnitten und die Blumen wie üblich eingepflanzt. Zum Abschluss wird das Vlies vorsichtig um die Stängel geklappt. Wenn es gar nicht passen will, schneiden Sie die vier Zipfel des Einschnittes ab. Zum Schluss wird das Beet mit Mulch abgedeckt.

Für neue Pflanzen oder zum Teilen eines Wurzelstocks schiebt man den Mulch zur Seite und klappt die Einschnitte des Vlieses auf (oder schneidet neue) – der Boden ist wieder zugänglich.

Unkrautvlies eignet sich sogar für den Nutzgarten: Die Folie deckt den Boden ab, während die vorgezogenen Salat- und Gemüsepflänzchen in Reihen mit kreuzförmigen Schlitzen gepflanzt werden.

Pro & Contra Beim Unkrautvlies überwiegen ganz eindeutig die positiven Aspekte. Mehrjährige Unkräuter und Lichtkeimer werden unterdrückt. Angewehter Unkrautsamen kann nicht tief wurzeln und lässt sich leicht aus dem Mulch ziehen. Das Vlies ist unter der Mulchschicht nicht sichtbar und eignet sich sogar im Gemüsebeet, sofern nicht gesät, sondern vorgezogene Pflänzchen eingesetzt werden. Die anfallenden Kosten zahlen sich in Form von entspannender Freizeit aus – was will man mehr. Wirkliche Nachteile gibt es nicht, es sei denn, man lehnt Folie/Vlies prinzipiell ab.

Und noch eine Radikalmethode: Feste Oberflächen

Man muss nicht den alten Kalauer vom grün angestrichenen Betongarten bemühen, um die Vorteile einer geschlossenen Oberfläche einzusehen: Wo keine offene Erde, da kein Unkraut! Sicher mag es Gärtner geben, die sich liebevoll mit Leib und Seele um ihren Garten kümmern, Unkraut rechtzeitig und nachhaltig entfernen und stets darauf achten, dass alles störungsfrei grünt und blüht. Aber ich

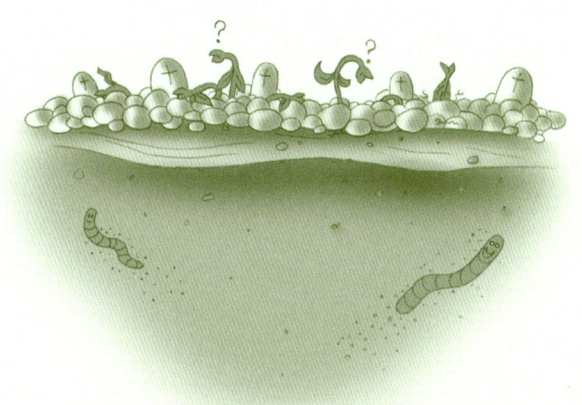

wage auch ohne statistische Umfragen die Behauptung, dass die überwiegende Mehrheit der Gartenbesitzer lieber friedlich im Liegestuhl sitzt, statt auf den Knien durch die Beete zu robben und Unkraut zu zupfen.

Es lohnt sich also, vorurteilsfrei und ernsthaft über Bodenversiegelung nachzudenken. Eine mit Beton- oder Natursteinen **gepflasterte Terrasse, ein zweiter Sitzplatz** (warum nicht den allseits beliebten Grill fest einbauen?) und die Wege sind prinzipiell unkrautfreie Zonen. Wenn der Untergrund mit gerütteltem Schotter vorbereitet und die Platten/Steine professionell in ein Sand-Zement-Gemisch verlegt wurden, herrscht Ruhe. Wer ganz sicher gehen möchte, kann noch die Fugen mit Mörtel verfüllen. Um das einzelne Unkräutlein, das sich dennoch durch die Fugen nach oben drängt, kann man sich auf dem Weg zum Liegestuhl/Grill kümmern.

Bei einem **Holzdeck** geht das nicht ganz so einfach. Wurde der Boden vor dem Aufbau des tragenden Gerüstes nicht völlig von Unkrautwurzeln befreit, ragen bald die ersten Triebe der mehrjährigen Unkräuter durch alle Ritzen. Abhilfe schafft hier eine dicke schwarze Folie unter dem Holzgerüst. Sie muss allerdings durchlöchert werden, damit sich bei Regen kein Teich unter dem Holzdeck ansammelt.

Nun dürfte selbst der faulste Gärtner kaum daran interessiert sein, den gesamten Garten in einen Sitzplatz zu verwandeln, aber es gibt einen Kompromiss: den **Kiesgarten.** Graben Sie die Fläche etwa 10 cm tief aus und verfestigen Sie den Boden mit einer Rüttelmaschine. Auf die glatte Oberfläche legen Sie ein Unkrautvlies; Sie können auch eine durchlöcherte und somit Regenwasser durchlässige schwarze Teichfolie verwenden. Darauf wird hübscher Kies in 5 bis 10 cm dicker Schicht als sichtbare Oberfläche verteilt.

Ein Kiesgarten ist viel variabler, als es zunächst scheint. Sauber gerechter Kies – für Liebhaber buddhistischer Zen-Kultur mit sichtbaren Kreisen oder Wellen – erzeugt zusammen mit markanten, unregelmäßigen Felssteinen das Flair eines japanischen Gartens. Andererseits bildet die glatte Kiesfläche einen perfekten Hintergrund für die unterschiedlichsten Pflanzen.

Mit den passenden Pflanzen und Gefäßen lässt sich ein Kiesgarten ganz individuell gestalten:

Mediterrane Pflanzen wie, Oleander, Lavendel, Lorbeerbäumchen, Ölbaum oder Feige, in hübschen Terrakottatöpfen oder -urnen erinnern an den **Urlaub am Mittelmeer.**

Bambus in bunt glasierten, bauchigen Krügen, dazu eine Zwergsorte des Fächer-Ahorns – das Angebot ist groß – und eine Steinlampe oder ein Buddha sind das Richtige für Fans **fernöstlicher Philosophie.**

Agaven, Ziergräser und Kakteen in Verbindung mit bunten Sommerblumen rufen **mexikanische Gefühle** wach.

Zwei oder drei flache, leicht geneigte Wasserkanäle auf unterschiedlichem Niveau, die in ein größeres Becken entwässern, eine Tauchpumpe und schon haben Sie einen **edlen, modernistischen Garten** geschaffen. Schmale Stein- oder Metallkanten verstärken den Eindruck.

Mit selbst gemachten oder gekauften **Skulpturen** verwandeln Sie Ihren Kiesgarten in ein sehr privates Kunstmuseum.

Und, und, und … es gibt viele Möglichkeiten, Sie müssen nur **Ihre Fantasie** spielen lassen.

Pro & Contra Die Versiegelung des Gartens, sei es auch nur in Teilen, schafft das Unkrautproblem für alle Zeiten vom Tisch. Mit den passenden Pflanzkübeln kommt der

Pflanzenliebhaber zu seinem Recht und für Party-People ist ein stabiler Fußboden im Freien ohnehin besser als Rasen oder Beete, die mit steigendem Alkoholgenuss leiden würden – übrigens, viele Unkräuter sind trittfest! Leider kommt auch beim Kiesgarten ein kleiner Wermutstropfen hinzu: Im Laufe der Jahre leidet das Aussehen der Steine; dann müssen sie ersetzt oder gründlich gereinigt werden.

Die Nachteile sind vor allem ästhe-
tischer Art. Wer weder auf Natur-
steine noch auf Betonformsteine
oder Kies steht, für den ist
ein versiegelter Garten
ein No-Go.

Kampf

dem
Unkraut

Nur die Harten
jäten dauernd im Garten

Selbst die beste Vorbereitung und Vorbeugung kann die
Menge der Unkräuter letztlich nur vermindern (Ausnah-
me: Unkrautvlies). Vielleicht bleibt das Beet sogar, insbe-
sondere nach der Vorbehandlung mit schwarzer Teichfolie,
mehrere Vegetationsperioden (fast) unkrautfrei. Doch
irgendwann ist es vorbei mit der Ruhe. Die Samen von ein-
und mehrjährigen Unkräutern werden vom Wind in den
Garten geweht, schlagen Wurzeln und beginnen zu nerven.
Für den Gärtner bieten sich nun drei Möglichkeiten:

Er macht sich sofort an die Arbeit und **reißt, hackt,
jätet und grubbert** die unerwünschten Mitbewohner des
Beetes schon im Jugendstadium aus,

er wartet ab, bis sich eine gewisse Unkrautschicht nicht
mehr verleugnen lässt und **opfert ein ganzes Wochenende**,
oder

er bleibt im Liegestuhl, hofft auf einen schneereichen
Winter, der das Elend unter einer weißen Decke unsichtbar
macht und erzählt den entrüsteten Nachbarn, er stelle
seinen **Garten vollständig auf „naturnah"** um.

• Das fleißige Gärtnerlein •

Die dritte Möglichkeit dürfte ernsthaft nur für Menschen mit einer wirklich philosophischen Gelassenheit in Frage kommen (oder für tief überzeugte Faulpelze), doch die beiden ersten Möglichkeiten lohnen eine nüchterne Betrachtung.
Wird **jede Unkrautpflanze entfernt,** sobald sich die ersten Blätter zeigen, ist der Arbeitsaufwand pro Unkraut gering. Die Pflanze ist zart, die Wurzeln reichen noch

nicht tief und lassen sich leicht mit der Hand auszup-
fen oder mit Geräten entfernen. Der ideale Zeitpunkt
ist ein Vormittag nach einer verregneten Nacht. Dann
ist der Boden feucht und man kann normale Unkräuter mit einem Ruck herausziehen (möglichst dicht über
dem Boden anfassen). Sogar tief wurzelnde Unkräuter
wie der Löwenzahn sind im Jugendstadium noch **ohne
großen Aufwand zu besiegen.** Mehrarbeit fällt nur an,
wenn es sich um den Trieb eines Wurzelunkrautes han-
delt: Dann muss der Wurzelstock ausgegraben werden. Wer
jeden Tag etwa eine bis fünf Minuten pro Quadratmeter
Beet opfert, darf sicher sein, dass sich die Unkrautplage
nie über einen zarten Flaum entwickeln wird. Allerdings
steckt genau hier auch das Problem: Regelmäßigkeit ist
schwer einzuhalten, denn die Ausreden sind schnell bei
der Hand. Ein Besuch steht an, es ist zu heiß, zu kalt, zu
regnerisch, nach der Arbeit ist man total fertig ... oder
man hat einfach keine Lust.

• Der Realo-Gärtner •

Die zweite Möglichkeit scheint da sinnvoller: „Nächstes
Wochenende, aber ganz sicher doch!" Und dann kommen
gute Freunde zum Grillen, oder man wird eingeladen, oder

es gießt in Strömen ... In der Realität geht man eben doch nicht rechtzeitig an die Arbeit. Wenn endlich die Säuberung der Beete ansteht, wird der Aufwand größer und die Arbeit richtig schwer. Ausreißen mit der Hand ist dann nur noch in Ausnahmefällen möglich.

Wie so oft im (Garten)Leben läuft alles auf einen **vernünftigen Kompromiss** hinaus: Im Frühling, zu Beginn der Vegetationsperiode, lohnt sich die intensive Auseinandersetzung mit dem Unkraut. Genau wie die Gartenpflanzen erwachen jetzt die heimischen, mehrjährigen Wildkräuter aus dem Winterschlaf und strecken erste Triebe aus dem Boden. Die Samen der einjährigen Arten keimen aus und zeigen ihre grünen Keimblättchen. Wer im Frühjahr mit der Handarbeit beginnt und **einigermaßen regelmäßig Unkraut zupft,** hält den größten Wildwuchs unter Kontrolle. Später im Jahr, wenn auch die Beetstauden und das Gemüse größer sind, müssen sich die Unkräuter mit der exotischen Konkurrenz anlegen und haben es nicht mehr ganz so leicht. Der Gärtner kann allerdings nicht mehr auf den Knien über eine freie Fläche rutschen, sondern muss den Unkräutern, die es zwischen den Stauden/dem Gemüse ans Licht schaffen, mit den diversen langstieligen Helfern auf den Pelz rücken.

Mit Hand und Hacke

Obwohl die Fläche eines Stauden- oder Gemüsebeets in einem üblichen Hausgarten mit ein paar Schritten zu durchmessen ist, scheint die Aufgabe manchmal übermächtig. Wenn die ersten warmen Sonnentage die Familie auf die Terrasse locken, zeigen sich überall im Beet die grünen Blätter der Unkräuter zwischen den Krokussen. Jammern hilft nicht, Handeln ist gefragt. Ich halte mich

dann immer an die Strategie von Beppo Straßenkehrer aus dem Kinderbuch *Momo* von Michael Ende: Fangen Sie an einer Ecke des Beetes an und arbeiten Sie sich Stück für Stück weiter voran, ohne an die Fläche zu denken, die noch vor Ihnen liegt. Freuen Sie sich beim ersten Pausenkaffee/-tee/-bier darüber, wie viel Sie schon geschafft haben.

• Auf die Knie: Jäten mit der Hand •

Wer **im Frühjahr ans Werk** geht, muss sich nicht im Slalom durch die Stauden schlängeln. Die meisten Arten haben sich noch nicht aus der Winterruhe verabschiedet und sind noch unter der Erde. Markieren Sie die Position empfindlicher Stauden im Herbst mit kurzen Bambusstäbchen, dann wissen Sie, wo sie nicht hintreten dürfen.
Nur im Gemüsebeet könnte es ein Problem geben. Um die „guten" Keimlinge einer frühen Aussaat von den „bösen" Unkräutern zu unterscheiden, sollten Sie Gemüse und Salat in schnurgeraden Reihen aussäen. **Alles was „aus der Reihe tanzt",** outet sich als Unkraut. In dieser Entwicklungsphase haben Sie den Erfolg der Ernte in der Hand: Die schwachen Keimlinge von Gemüse & Co. können sich noch nicht gegen die viel konkurrenzstärke-

ren Unkräuter durchsetzen und würden ohne Ihre Hilfe einfach verdrängt.

Unter laubabwerfenden Sträuchern und Bäumen mit tiefen Zweigen zu jäten ist zwar nicht angenehm, aber so lange das noch geht, machen Sie sich auch hier an die Arbeit. Im Sommer kommen Sie nur noch mit langstieligen Geräten unter die belaubten Gehölze.

Tatsächlich ist das „auf die Knie" der Überschrift wörtlich gemeint. Auf den Knien vorwärtszurutschen ist immer noch angenehmer, als sich ständig zu bücken. Noch ergonomischer soll es sein, nur mit einem Bein zu knien und das andere Bein im Knie abgewinkelt mit dem Fuß auf den Boden zu stellen.

Nach meiner Erfahrung sind **kräftige Küchenhandschuhe** aus Gummi viel praktischer als die üblichen Gartenhandschuhe. Sie sind leichter, flexibler und man hat mehr Gefühl in den Fingern, um selbst feine Unkrautpflänzchen zu greifen. Wer keine Angst vor schmutzigen Fingernägeln hat, kann natürlich auch ganz ohne Handschuhe arbeiten –mehr Gefühl geht nicht.

Da die großen Gartencenter Geräte für wirklich jede Form von Gartenarbeit anbieten, gibt es natürlich auch **Hilfsmittel für kniende Tätigkeiten.** Am einfachsten sind flache Kunststoffpolster, die direkt auf die Erde gelegt werden. Etwas komfortabler sind feste Kniebänkchen mit stabilen Füßen und Seitenteilen, auf denen man sich beim Hinknien und Aufstehen abstützen kann. Eher in Baumärkten und Fachgeschäften für Handwerkerbedarf werden Kniepolster zum Umschnallen und die so genannten Chaps angeboten. Das sind schürzenartige Hosenbeine mit eingearbeiteten Kniepolstern, die hinten mit Klettverschlüssen verschlossen werden. Sie schützen nicht nur die Knie vor Druck, sondern auch die Hosenbeine vor Schmutz.

Schließlich brauchen Sie noch einen handlichen Eimer für die entfernten Pflänzchen und dann an die Arbeit!

• Klein und kurz: Handgeräte •

Spätestens wenn die Unkräuter etwas größer geworden sind und tiefere Wurzeln ausgebildet haben, reicht die einfache Handarbeit nicht mehr aus. Nun schlägt die Stunde der **Kleingeräte.** In einem Staudenbeet, wo die Zierpflanzen gruppenweise oder verstreut wachsen, sind sie ohnehin besser als langstielige Geräte – zumindest als Ergänzung, solange die Stauden noch nicht zu groß sind.

In einem typischen Gartencenter **das richtige Gerät** zu finden, grenzt fast an eine Lotterie. Da die bekannten Firmen ihre Produkte in der Regel *en bloc* in eigenen Regalen präsentieren, lässt man sich leicht durch die einheitliche Farbgebung und die Größe des Angebots verlocken. Die schiere Masse scheint Kompetenz zu versprechen. „Wer so viel anzubieten hat, wird auch genau das Richtige für mich haben." Mit einem guten Gartengerät ist es aber genau wie mit einem guten Füller oder Kugelschreiber (für Sportler: Ski- oder Nordic-Walking-Stöcke, Tennis-, Tischtennis-, Hockeyschläger ...): **Je besser das Gerät in der Hand liegt, desto besser erfüllt es seinen Zweck.** Beim Jäten hält man ein Gerät stundenlang fest (zumindest fleißige Gärtner tun das). Jede Unebenheit im Griff, hervorstehende Hülsenränder oder scharfe Kanten führen zu Schmerzen oder Blasen; und wer Blasen an den Händen hat, hört auf zu jäten.

Also, lassen Sie sich nicht vom schicken Aussehen verführen und **nehmen Sie das Gerät in die Hand.** Auch wenn die anderen Kunden Sie für verrückt halten und milde belächeln, simulieren Sie die Bewegungen, die Sie mit dem Gerät machen werden. Wenn Sie auch nur den kleinsten Zweifel haben, legen Sie das Teil weg und probieren Sie ein anderes aus. Lackierte Holzgriffe sehen im Laden schick aus, doch wenn der Lack abspringt, entstehen raue Kanten. Hochwertige Geräte haben gewöhnlich Eschenholzgriffe, die mit Öl geschmeidig gemacht werden. Auch die Befestigung des Geräteaufsatzes am Griff ist eine kritische Stelle. Wurde einfach eine kurze Metallhülse über den Griff geschoben und mit einer Schraube oder Niete befestigt? Viel stabiler sind durchgehende Metallteile mit fest aufgeschweißtem Kunststoffgriff ohne scharfe Kanten, tief in den Griff eingelassene Metallseelen (zusätzlich mit einer Zwinge fixiert) oder zumindest eine längere Metalltülle. Wem nützt ein Handspaten, der sich schon bei der ersten größeren Belastung an der Verbindungsstelle löst oder verformt?

Der Geräteaufsatz muss stabil sein und darf sich bei normaler Belastung nicht verbiegen. Geschmiedeter Stahl oder Edelstahl sind leider teuer, aber das beste Material für Werkzeuge. Manchmal sind die kleineren Firmen, die nur ein paar Spezialgeräte anbieten, eine bessere Wahl als große Firmen mit umfassendem Sortiment. Auch wenn es unpopulär ist: **Gute Qualität** hat ihren Preis und gerade bei Gartengeräten sind Sonderangebote häufig die schlechtere Option. Kaufen Sie immer nur die Geräte, die sie gerade brauchen. So verteilen Sie die Kosten über einen längeren Zeitraum und sind nach einigen Jahren der stolze Besitzer einer Spitzenausstattung!

Welche Geräte sind unbedingt nötig? Für die Arbeit im Beet kommen Sie nach meiner Erfahrung mit drei

Geräten aus: Das wichtigste Gerät und unverzichtbar ist der **Handgrubber**. Er hat drei kräftige, gebogene Zinken, die mittlere ist etwas kürzer, und wird oberflächlich durch die Erde gezogen. Dabei werden die Wurzeln der Unkräuter relativ leicht aus dem Boden gerissen. Bei längeren Wurzeln muss man mit der Hand nachhelfen. Beim Grubbern wird gleichzeitig die oberste Bodenschicht aufgelockert. Ein Handkultivator ist sehr ähnlich gebaut, aber die Zinken sind an den Spitzen abgeflacht.

Der **Handjäter** hat nur eine einzige schmale, um etwa 90° abgewinkelte, messerartige Zinke. Er wird durch die Erde gezogen und eignet sich bestens, um die Unkräuter auf besonders engem Raum zu entfernen (wieder mit der Hand nachhelfen), lockert den Boden aber kaum auf. Die ausgerissenen Unkräuter bleiben als Mulch liegen oder kommen in den Eimer.

Für die besonders hartnäckigen Tiefwurzler brauchen Sie einen schmalen **Hand-Unkrautspaten** oder -Unkrautstecher. Er ist etwa zwei Finger breit und wird direkt neben der Pflanze (Löwenzahn vor allem) senkrecht tief in den Boden gestochen und gedreht, bis sich die Wurzel lockert. Unkrautspaten sind vor allem im Rasen nützlich, weil sie nur eine sehr kleine Fläche betreffen.

Ich würde bei diesen Handgeräten übrigens von den **„praktischen" Steckgeräten** abraten. Sie sind nicht so stabil wie ein gutes Einzelgerät, man spart kaum Geld und schon gar keine Zeit, weil man jedes Mal umstecken muss.

Wer's gerne fernöstlich mag: Das japanische **Hori-Hori** ist ein Pflanzmesser, das auch beim Lockern tief wurzelnder Unkräuter, zum Aushebeln von verzweigten Wurzelstöcken oder beim Säubern von Fugen gute Dienste leistet.

Wahre Fugenfanatiker brauchen unbedingt einen speziellen **Fugenkratzer** oder ein Fugenmesser, um kleine Unkräuter aus den Fugen zwischen Steinen lösen zu können. Die so genannten **Fugendreiecke** sind Mini-Ziehhacken mit dreieckigem Blatt, um breitere Fugen auszukratzen.

• Mit geradem Rücken: Geräte mit langem Stiel •

Wenn die Stauden im Sommer ihre Endgröße erreicht haben, ist es für den Gärtner kaum noch möglich, auf den Knien durch die Rabatte zu rutschen oder die Unkräuter mit einem Kleingerät zwischen den Stauden zu entfernen. Das Gleiche gilt für ein Gemüsebeet kurz vor der Ernte. Jetzt schlägt die große Stunde der „Langstieler".

Im Unterschied zu den Kleingeräten bieten **Steckgeräte** mit auswechselbaren Geräteaufsätzen jetzt **gewisse Vorteile.** Gewöhnlich arbeitet man längere Zeit mit einem bestimmten Werkzeug, man muss also den Geräteaufsatz viel seltener umstecken. Außerdem ist ein Systemgriff mit mehreren Geräteaufsätzen zum Aufstecken preiswerter als entsprechende Einzelgeräte bester Qualität. Mit einem Stiel und den nötigen Geräteaufsätzen sind Sie also gut gerüstet. Investieren Sie aber unbedingt in einen zweiten Stiel, wenn Sie lieber mit Partner(in) im Garten arbeiten! Stecksysteme haben **allerdings auch Nachteile.** Die lange Reihe „praktischer" Aufsätze sieht verführerisch aus. Vermutlich sollen sie Gärtner mit Hang zur Vollständigkeit zum Kauf verlocken. Dann hängen Geräteaufsätze im Gartenschuppen, die Sie nie wieder brauchen. Zudem hält die Arretierung der Aufsätze nicht ewig und lockert sich bei starker Belastung, beispielsweise in Gärten mit schweren Böden, früher oder später.

Daher gilt auch bei langstieligen Geräten: Ein gutes Einzelgerät ist in Qualität und Haltbarkeit kaum zu schlagen. Halten Sie sich beim Kauf an die bereits zuvor besprochenen Qualitätskriterien, aber vergessen Sie nicht die Länge des Stiels zu bewerten. Das Werkzeug ist genau richtig, wenn Sie die Arbeiten entspannt im Stehen, nicht in gebückter Haltung, erledigen können.

Der **Grubber** (Kultivator) ist genauso gebaut wie das entsprechende Handgerät, allerdings etwas größer und mit längeren Zinken. Beim Jäten wird gleichzeitig der Boden oberflächlich gelockert. Ein Grubber eignet sich gut für Blumenbeete, wo das langstielige Gerät zwischen den hohen Stauden labyrinthische Freiflächen bewältigen muss. Er ist auch bestens für die Arbeit unter Bäumen und Sträuchern geeignet: Ein Grubber gehört in jeden Geräteschuppen!

Der von Biogärtnern hoch geschätzte **Sauzahn** mit einer einzigen, langen, gebogenen Zinke ist zwar ein sehr praktisches und nützliches Gerät, aber zum Unkrautjäten nicht geeignet. Er kommt nur bei der Bodenlockerung zum Einsatz.

Unter verschiedenen Produktnamen werden so genannte **Einzähner** angeboten, die aussehen wie ein Grubber/ Kultivator, bei denen die beiden seitlichen Zinken entfernt wurden (Heimwerker nehmen eine Flex und bauen sich das Teil selbst). Diese Geräte gleichen einem Handjäter mit langem Stiel und sind ähnlich praktisch für die Gartenarbeit.

Die zahlreichen **Hacken** kommen vorrangig im Gemüsegarten zum Einsatz. Dort werden sie gerade, zwischen den Reihen der Nutzpflanzen, geführt. Natürlich können Sie – vorsichtiges Arbeiten vorausgesetzt – auch die Flächen in einem Staudenbeet mit einer Hacke bearbeiten. Eine Mittelstellung zwischen Grubber und echten Hacken nehmen die **Doppelhacken** ein. Sie sind sowohl im Stauden- als auch im Gemüsebeet einsetzbar. Doppelhacken haben auf einer Seite ein durchgehendes, breites, manchmal auch angespitztes Blatt zum Schlagen und Bodenlockern, auf der anderen Seite zwei bis drei Zinken, die durch den Boden gezogen werden und Unkräuter ausreißen. Doppelhacken sind vor allem in Gärten mit schweren Böden praktisch. Mit einigen Schlägen des Blattes werden grobe Schollen zerkleinert und dann mit den Zinken die Unkräuter aus dem Boden gezogen.

Die eigentlichen Hacken werden nach der Bewegungsweise untergliedert:

Ziehhacken tragen an einem mehr oder weniger U-förmigen Bogen eine breite, gerade Schneide. Man zieht die Schneide parallel und direkt unter der Erdoberfläche auf sich zu, während man Schritt für Schritt rückwärtsgeht. Durch die waagerechte Schnittführung werden die Unkräuter unter der Oberfläche glatt abgeschnitten und bleiben als Mulch liegen.

Bei den so genannten **Pendelhacken** ist die Schneide beidseitig; sie schneiden das Unkraut sowohl bei einer Zieh- als auch bei einer Stoßbewegung. Manche Firmen bieten Ziehhacken in Kombination mit einer Art Mini-Egge an, was allerdings die Arbeit meiner Erfahrung nach nur unnötig kompliziert.

Stoßhacken oder Schuffel werden vom Körper weg nach vorn geschoben und genau wie Ziehhacken parallel zur Bodenoberfläche eingesetzt. Welche Bewegung leichter fällt – ziehen oder stoßen – muss jeder Gärtner selbst ausprobieren.

Schlaghacken sind das, was man gemeinhin unter einer Hacke versteht. An einem Stil sitzt ein etwa 90° abgewinkeltes Blatt, das in die Erde geschlagen wird. Zum Unkrautjäten eignen sich am besten Modelle mit kurzem Blatt (breit oder schmal).

Neben dem Grubber sind sie das wichtigste Gerät im Gemüsegarten. Schließlich gibt es noch **diverse Geräte mit fantasievollen Namen** (Unkrautstecher, Langstieljäter …) zum Jäten tief wurzelnder Unkräuter. Obwohl sie recht unterschiedliche Funktionsweisen haben, versprechen alle dasselbe: Jäten ohne Bücken. Lassen Sie sich beraten und nutzen Sie Ihren gesunden Menschenverstand, um die Spreu vom Weizen zu trennen.

Die chemische Keule: Herbizide

Der **Gebrauch von Unkrautvernichtungsmitteln** – Herbizide oder chemische Pflanzenschutzmittel – ist im „Gesetz zum Schutz der Kulturpflanzen" (Pflanzenschutzgesetz – PflSchG) geregelt. Dieses Gesetz und seine Anwendungsvorschriften werden von den örtlichen Pflanzenschutzdienststellen und den Umweltämtern auf Gemeindeebene durchgesetzt. Das Bundesamt für Verbraucherschutz und Lebensmittelsicherheit prüft neue Produkte und lässt sie offiziell zu (oder nicht). Das Bundesamt gibt auch eine regelmäßig aktualisierte Liste zugelassener Herbizide heraus. Sie ist über das Internet zugänglich (www.bvl.bund.de). Die Produkte für den Garten müssen den Aufdruck „Anwendung im Haus- und Kleingartenbereich zulässig" tragen.

Soweit zu den Vorschriften, die in diesem Fall nicht lästig, sondern wirklich notwendig sind. Wie immer man es auch dreht und wendet, Herbizide sind eben nicht alle grün und umweltfreundlich. Es gibt gute Gründe, warum sie nicht offen in den Regalen der Gartencenter stehen, sondern unter Verschluss gehalten werden. Lassen Sie sich vor dem Kauf unbedingt von einem Fachmann beraten. Dies gilt umso mehr, wenn Sie nach **Herbiziden für das Gemüsebeet** suchen. Viele der handelsüblichen Produkte haben eine Sperrzeit, in der Obst und Gemüse nicht geerntet und verzehrt werden darf. Ein Gartencenter, das Herbizide kommentarlos ausgibt, ist nicht empfehlenswert!

Als Vorbereitung auf das Beratungsgespräch sollte man Folgendes wissen. Nach der „Zielgruppe" unterscheiden die Hersteller Total- und selektive Herbizide:

Ein **Totalherbizid tötet mehr oder weniger alle Unkräuter ab.** Das weltweit bekannte Mittel Roundup gehört in diese Kategorie. Breitbandherbizide (Totalherbizide) sollte man möglichst gar nicht oder nur in Ausnahmefällen einsetzen. Sie lösen das Unkrautproblem nicht grundsätzlich, denn langfristig stellen sich die Unkräuter wieder ein. Übrigens ist es gesetzlich verboten, Totalherbizide auf Wegen, Garageneinfahrten oder Höfen anzuwenden – wie sagt der Gesetzgeber? Auf „Nichtkulturland".

Die so genannten **selektiven Herbizide,** die unter verschiedenen Namen verkauft werden, sollen **nur gegen bestimmte Unkräuter** (Giersch, Moos im Rasen usw.) wirken. Glaubt man der Werbung, sind sie bienenfreundlich, völlig ungefährlich und so grün, wie Chemie überhaupt sein kann. Auch selektive Herbizide lösen das Unkrautproblem nicht langfristig. Sie leisten aber Hilfestellung,

um einen gewissen Status quo zu erreichen. Dann kommt die Handarbeit an die Reihe, um sprießende Unkräuter auch weiterhin in Schach zu halten.

Nach der Wirkung unterscheidet man **Kontakt- und Wuchsstoffherbizide.** Erstere wirken nur auf die sichtbaren, grünen Teile der Pflanzen – im direkten Kontakt eben. Die Wurzeln mehrjähriger Unkräuter werden nicht angegriffen. Wuchsstoffherbizide gehen raffinierter vor: Sie arbeiten wie natürliche Pflanzenhormone und zwingen die Pflanzen dazu, sich regelrecht krank zu wachsen. Sie verbrauchen alle Reservestoffe und sterben.

Ob man **Herbizide im Garten** einsetzen möchte oder nicht, ist eine sehr persönliche Entscheidung. Wer sich prinzipiell und rückhaltlos auf die Seite der Umwelt stellt, wird chemische Mittel in jeder Form ohnehin ablehnen. Doch selbst bei nüchterner Betrachtung der Wirksamkeit – ganz ohne grüne Weltanschauung – überwiegen die Nachteile. Man erkauft sich eine nur scheinbare und kurzfristige Ruhe mit ungewisser Nachwirkung. Wildkräuter haben sich seit Zehntausenden von Jahren behauptet und sie werden es weiter tun – auch in einem Garten, der mit Chemie behandelt wird.

Sanfte Chemie:
Schutz- und Stärkungsmittel

Schutz- und Stärkungsmittel werden aus natürlichen Rohstoffen hergestellt. Im Unterschied zu den chemischen Herbiziden durchlaufen sie eine weniger strenge Prüfung, ehe sie in den Handel kommen. Das Bundesamt für Verbraucherschutz und Lebensmittelsicherheit gibt aber auch für Stärkungsmittel eine Positivliste mit den zugelassenen Produkten heraus.

Es ist schwierig zu entscheiden, ob solche Mittel das Unkraut wirklich eindämmen. Schließlich bekämpfen sie die Unkräuter nicht direkt, sondern machen die Zier- und Nutzpflanzen **„fitter" für den Kampf im Beet.** Einige Produkte sollen speziell gegen Pilzbefall vorbeugen, und Pilze schwächen die Pflanzen. Ganz unbestreitbar setzt sich eine gesunde, wüchsige, widerstandsfähige Nutz- oder Zierpflanze, die auf dem ihr zusagenden Standort wächst, besser gegen Unkräuter durch als eine schwächelnde Sorte, die an der falschen Stelle steht. **Im Verband mit anderen Maßnahmen** kann die Behandlung mit einem Schutz- und Stärkungsmittel daher durchaus sinnvoll sein:

- Standortgerechte Arten und Sorten verwenden

- Vor dem Bepflanzen die vorhandenen Unkräuter gründlich entfernen

- Neue Unkräuter schon im Frühstadium bekämpfen

- Boden mit einem organischen Dünger versorgen und mulchen

- Unkräuter regelmäßig jäten

Feuer ohne Schwert: Mit Hitze gegen das Unkraut

Das letzte Mittel im Kreuzzug gegen die Unkräuter ist erst relativ neu in Gebrauch. Die Methode ist bestechend einfach und äußerst wirkungsvoll: Hitze. Einfache **Unkrautbrenner** oder **Abflammgeräte** bestehen aus einer auswechselbaren Gaskartusche und einer Brenndüse. Die Düse wird direkt auf die Unkräuter gehalten und dann gezündet. Teurere Geräte sind komfortabler in der

Bedienung, funktionieren aber nach demselben Prinzip. Das Unkraut stirbt nicht in einer lichterlohen Flamme, sondern die Hitze tötet alle Proteine in den Pflanzenzellen ab (sie gerinnen, wie beim Eierkochen); das Wasser in den Zellen wird regelrecht verkocht. Mit dieser rein physikalischen Methode werden also gezielt Pflanzen abgetötet, auf die mit der Düse gezielt wurde. Abbrennen ist ökologisch sinnvoll, weil es die Umwelt nicht schädigt. Also, nichts wie los ins Gartencenter und einen Flammenwerfer kaufen? Auch Unkrautbrenner haben **Vor- und Nachteile.** Für dicht bepflanzte Beete ist die Methode nicht geeignet, weil auch benachbarte Pflanzen unter der Hitze leiden würden. Als Hauptanwendungsgebiet bleiben die Fugen zwischen

Pflastersteinen übrig, sofern die Steine die Hitze aushalten und nicht zerspringen. Damit eignen sich solche Geräte vor allem für breite Gartenwege, Garagenauffahrten, Wege im Vorgarten und am Fuß von Gartenmauern. Nachdem die Unkräuter in der Hitze abgestorben sind, müssen sie entfernt werden, d.h. nach dem Brennen folgt auf jeden Fall ein zweiter Arbeitsgang. Während das Abbrennen die einjährigen Unkräuter in der Tat vernichtet, können sich mehrjährige Unkräuter, wie schon oft erwähnt, aus den Wurzeln regenerieren. Das Abbrennen muss also wiederholt werden. Hinzu kommt, dass Gaskartuschen eine begrenzte Brenndauer haben (je nach System ein bis drei Stunden); nur größere Geräte werden über einen Gasschlauch aus einer ergiebigeren Gasflasche versorgt. Gas kostet zwar nicht die Welt, aber wer eine längere Garageneinfahrt stets unkrautfrei halten möchte, muss mit regelmäßigen Kosten rechnen.

Abgesehen davon, dass ein Gasbrenner durchaus in die Kategorie „Männerspielzeug" gehört – wie der völlig sinnfreie Laubbläser –, sollte man sich den Kauf sehr gut überlegen. Fugenkratzer und Handarbeit klingt zwar sehr old-fashioned, sind aber in der Wirksamkeit auch dem besten Unkrautbrenner zumindest gleichwertig.

Frieden

Was man
nicht besiegen
kann, sollte
man nutzen

schließen:

Vertraute Zweisamkeit

Alle bereits beschriebenen Tricks, Ratschläge und Arbeits-
anweisungen münden leider in eine einzige Kernaussage:
Unkraut kann man nicht besiegen, sondern nur eindämmen. Dieses letzte Kapitel möchte Sie dazu ermutigen,
mit dem Unkraut zu leben, statt es auszurotten. Die
Koexistenz-Strategien basieren darauf, den Wildkräutern
einen begrenzten Raum im Garten zuzugestehen, sie durch
die Art der Bepflanzung zumindest teilweise „unsichtbar"
zu machen oder sie zu nutzen.

Am einfachsten geht das im Staudenbeet. Bepflanzen Sie
die Rabatte dichter als üblich mit wüchsigen, gut an den
Standort angepassten Arten und Sorten. Die notwendigen
Informationen, welche Arten/Sorten wo am besten wachsen, finden Sie in jedem guten Gartenbuch, im Internet
oder auf Nachfrage im Gartencenter. Konkurrenzstarke
Zierpflanzen werden die heimischen Unkräuter sicher
nicht völlig verdrängen, aber sie machen ihnen das Überleben schwerer. Zum Trost: Ein bisschen Unkraut schützt
den Boden vor Erosion!

Zur Hauptblütezeit im Sommer fallen Unkräuter in den
schmalen Zwischenräumen zwischen voll entwickelten
Blütenstauden dann kaum noch auf. Wenn Sie die dichte

Bepflanzung mit gründlichem Jäten im Frühling kombinieren, dürften Sie für die längste Zeit des Jahres Ruhe im Beet haben. Im Herbst wird alles mit einer drei Finger breiten Mulchschicht abgedeckt, damit die Lichtkeimer nicht gleich zu Frühlingsbeginn zu sprießen beginnen.

Zwei Fliegen mit einer Klappe: Unkrautecke für Wildtiere

In vielen Gärten gibt es „tote Ecken", in denen aus den unterschiedlichsten Gründen offenbar nichts wachsen will – außer eben Unkraut. Typische Stellen sind schattige Bereiche neben Garagen oder Gartenhäusern, trockene Zonen an Mauerfüßen, die Ecken im Bereich von Nadelholzhecken oder staunasse Mulden. Was immer Sie dort auch pflanzen, es geht früher oder später ein und wird von hartnäckigen Unkräutern verdrängt, die mit viel Mühe entfernt werden müssen.

Deklarieren Sie solche Ecken als **Oase für Wildtiere** und lassen Sie den Unkräutern – hier vielleicht besser Wildkräutern – freien Lauf. Um den Tieren eine wirklich gute Basis zu liefern, sind nur wenige Hilfen erforderlich: Stapeln Sie einige Holzstämme auf, beispielsweise dicke Äste, die beim Auslichten von Bäumen anfallen und bohren Sie mit einer Bohrmaschine viele Löcher in die Schnittflächen (zwischen 1 mm und 1 cm Durchmesser; etwa 5 bis 10 cm tief). Hier finden die seltenen Solitärbienen, -wespen und andere Insekten Schutz und sichere Nistplätze; sie stechen nicht. Auch die Blattläuse fressenden Marienkäfer überwintern gerne im Laub oder in den Rindenspalten von totem Holz. Laufkäfer (sie fressen praktisch alle Schädlinge, die im Garten anfallen) suchen dagegen feuchte Verstecke unter Holz und Steinen auf.

Lockere, dünne Zweige und reichlich trockenes Laub vom letzten Herbst bieten größeren Tieren besten Schutz. Igel finden hier Verstecke und ein Quartier für ihren Winterschlaf. Auch die überaus nützlichen Spitzmäuse, die viele Schadinsekten des Gartens fressen, sind für die Lücken und Spalten sehr dankbar. In sehr feuchten Ecken werden sich eher Amphibien einstellen.

Bei den Pflanzen brauchen Sie in den ersten ein, zwei Jahren längeren Atem. So lange kann es dauern, bis sich eine **stabile Wildkräutergesellschaft** eingestellt hat. Manche Schattenpflanzen können sich übrigens durchaus sehen lassen. Viele heimische Wildkräuter stellen eine wichtige Nahrungsquelle für Insekten dar.

Helfen Sie in den schattigen Bereichen bei der **Bepflanzung** etwas nach. Lassen Sie Efeu über die Baumstämme wuchern und pflanzen Sie robuste heimische Farne, wie den Wurmfarn (*Dryopteris filix-mas*). Auch das Immergrün (*Vinca minor*) kommt fast überall zurecht und setzt sich relativ gut gegen die meisten Wildkräuter durch.

Damit sich mehrjährige Wildkräuter, Efeu und Immergrün nicht über ihre Wurzeln bis in den übrigen Garten ausbreiten, empfiehlt sich eine Wurzelbarriere. Buddeln Sie am Rand der „wilden Ecke" einen 20 bis 30 cm tiefen Graben und setzen Sie eine Wurzelsperre (im Fachhandel auch Rhizomsperre genannt) ein. Sie besteht aus einer starken, widerstandsfähigen Folie, die von den Wurzeln nicht durchdrungen werden kann. Sollte Ihr Gartencenter keine Wurzelsperren führen, suchen Sie nach einem Gärtnereibetrieb, der Bambus verkauft. Dort müsste es auch Wurzelsperren geben. Den Rand der Folie verstecken Sie – je nach Charakter der Ecke oder des Gartens – hinter einer niedrigen Palisade oder unter einer Steinreihe.

Schönheiten nutzen: Wildblumen und wilde Wiese

Ein echter Naturgarten ist zwar nicht jedermanns Sache, doch eine Teilfläche als Mini-Biotop zu gestalten, kann ein Gartenkonzept durchaus bereichern. Mit einem **naturnahen Gartenabschnitt** wird man die Unkräuter selbstverständlich nicht los, aber heimische Wildblumen sind in der Regel konkurrenzstärker als empfindliche, exotische Sorten und können sich gegen Unkräuter durchsetzen. Zumindest auf diesen Flächen haben es die ungeliebten Störenfriede dann etwas schwerer. Das Konzept eines Naturgartens zahlt sich vor allem langfristig aus, denn je besser sich die heimischen Wildblumen etablieren und je dichter sie wachsen, desto weniger Unkräuter werden sich ansiedeln.

Heimische Pflanzen im Garten haben, ähnlich wie die oben beschriebene wilde Ecke, außerdem einen ökologisch wertvollen Nebeneffekt: Sie sind in einer Zeit schwindender natürlicher Lebensräume ein Refugium für Wildtiere. Biologen schätzen, dass von einer einzigen heimischen Pflanzenart etwa zehn heimische Tiere profitieren.

Leider entstehen solche naturnahen Biotope nicht von selbst. Wer ein sonniges Beet anlegt und auf die Natur wartet, wird enttäuscht werden. Gewöhnlich setzen sich gerade jene Wildkräuter durch, die alles andere als attraktiv sind. Wildblumen mit hübschen Blüten haben gegen sie kaum Chancen. Auch ein erfolgreicher Naturgarten/ Gartenabschnitt muss also sorgfältig geplant und gepflegt werden.

Ein Buch über Unkräuter ist sicher nicht der richtige Ort, um dezidierte Ratschläge zur Anlage eines Naturgartens zu geben, aber ein paar Tipps können nie schaden:

Pflanzen Sie unter Gehölzen, in einem Strauchbeet oder einer Hecke **heimische Zwiebel- und Knollenpflanzen** für den Frühling und Wildstauden für Sommer und Herbst.

Legen Sie im Staudenbeet einen Bereich mit **heimischen Wildstauden** an. Achten Sie darauf, die natürlichen Standortansprüche möglichst genau zu treffen. „Exoten" mit genau denselben Standortansprüchen sorgen dazwischen für attraktive Blickpunkte.

Pflanzen Sie wüchsige **einheimische (!) Bodendecker** in dazu geeigneten Bereichen. Sie unterdrücken den Unkrautwuchs sehr effektiv.

Setzen Sie im Gemüsegarten auf **Mischkulturen mit Nutz- und heimischen Zier-/Gewürzpflanzen.** Damit werden nicht nur viele Schädlinge abgeschreckt oder abgelenkt, sondern auch Unkraut unterdrückt.

Lassen Sie einen Teil der Rasenfläche als **„wilde Wiese"** wachsen. Erwarten Sie aber nicht zu viel. Es dauert lange, bis eine wirklich attraktive Blumenwiese entstanden ist.

Wichtig für den Anfang ist eine gute Bodenvorbereitung. Je magerer der Boden ist, desto leichter haben es die typischen Wiesenblumen. Lockern Sie den Boden gründlich auf, mischen Sie reichlich Sand zu und stellen Sie jegliche Düngung ein. Verteilen Sie Zwiebel- und Knollenpflanzen für Frühling bis Herbst und säen Sie regelmäßig neue Wiesenblumen (Saatgut im Fachhandel oder Internet) nach, bis sich das Biotop etabliert hat – auf kleinen, nicht optimalen Flächen stellt sich aber möglicherweise nie ein Gleichgewicht ein. Wildblumenwiesen werden nur ein- bis zweimal pro Jahr gemäht!

Welche Pflanzen sich für welche Standorte eignen, können Sie in den entsprechenden Gartenbüchern nachlesen. Eine andere Möglichkeit ist der Weg in ein gutes Gartencenter/Gärtnerei. Bio ist immer noch in, also stellen viele Betriebe heimische Pflanzenarten in eigenen Abteilungen zusammen. Wenn Sie dann noch einen Verkäufer mit Fachwissen erwischen, kann eigentlich nichts mehr schiefgehen. Es ist übrigens sehr hilfreich, auf Spaziergängen etwas genauer auf hübsche Wildblumen zu achten und sie zu bestimmen (nicht ausgraben). Mit der Pflanzenliste gehen Sie dann in der Gärtnerei auf die Suche.

Recycling pur: Kräuterjauchen und -brühen aus Wildkräutern

Biogärtner nutzen seit Langem die Inhaltsstoffe bestimmter Wildkräuter als sanfte Alternative zur chemischen Keule (Insektizide und Fungizide). Diese Methode grenzt zwar die Menge der Unkräuter im Garten nicht ein, aber man hat nach dem Jäten mindestens die Genugtuung, etwas Sinnvolles getan zu haben und der „Abfall" ist noch zu etwas nutze (Motto: Dafür sollst du zahlen!). Leider haben nur die wenigsten Unkräuter die passenden Inhaltsstoffe dazu, aber Brennnessel, Acker-Schachtelhalm, Rainfarn und Beinwell stellen sich auf vielen Gartengrundstücken ein.

Die bekannteste und einfachste Zubereitung ist die **Brennnesseljauche.** Man gibt etwa 1 kg frische, nicht blühende, grob zerkleinerte Brennnesselpflanzen in 10 Liter klares Wasser (ideal ist Regenwasser aus der Tonne, sonst abgestandenes Leitungswasser). Als Behälter eignen sich Holz-, Plastik- und Tongefäße. Die Brühe wird mit Kaninchendraht abgedeckt, damit keine Tiere hineinfallen und bleibt etwa zwei Wochen stehen. Bei der Reifung beginnt sie schaumig zu gären und entwickelt einen ziemlich ekligen Geruch – Steinmehl lindert den Gestank ein wenig. Die fertige Brühe ist dunkel gefärbt und schäumt nicht mehr. Sie wird entweder direkt auf das Beet in den Wurzelbereich der Pflanzen gegossen (1:10 mit Wasser verdünnen) oder durch ein Sieb geseiht, mit Wasser 1:20 verdünnt und mit einer Spritze über die Blätter verteilt. Brennnesseljauche als Spritzmittel beugt dem Pilzbefall vor; auf dem Beet ist sie gleichzeitig ein guter Biodünger. Beinwelljauche hilft als Spritzmittel gegen Blattläuse und Spinnmilben.

Rainfarn (300 g auf 10 Liter Wasser) und Ackerschachtelhalm (1 kg auf 10 Liter Wasser) werden als Brühe zubereitet: Die Pflanzen bleiben etwa einen Tag lang in kaltem Wasser, dann werden sie 20 bis 30 Minuten bei kleiner Hitze gekocht. Rainfarn hilft als Spritzmittel gegen Insekten und vorbeugend gegen Pilzbefall. Acker-Schachtelhalm ist ein gutes Mittel gegen Pilzbefall und Blattläuse.

Register

Impressum

Mit 48 Illustrationen von Jens Corvin, München
Umschlaggestaltung von eStudio Calamar, Spanien

Gebrauchsnamen, Handelsnamen, Warenbezeichnungen sind in diesem
Buch ohne nähere Kennzeichnung in Bezug auf Marken, Gebrauchsmuster
oder Patentschutz wiedergegeben. Daraus kann nicht abgeleitet werden,
dass diese Namen und Verfahren als frei im Sinne der Gesetzgebung gelten
und von jedermann benutzt werden dürfen.

Die Rechtschreibung der deutschen Pflanzennamen ist nicht eindeutig
geregelt. Auch jede andere Art der Schreibung ist möglich, die Sie sowohl
in Fach- als auch in populärwissenschaftlichen Büchern finden werden.

Unser gesamtes lieferbares Programm und viele
weitere Informationen zu unseren Büchern,
Spielen, Experimentierkästen, DVDs, Autoren und
Aktivitäten finden Sie unter www.kosmos.de

Mix
Produktgruppe aus vorbildlich
bewirtschafteten Wäldern, kontrollierten
Herkünften und Recyclingholz oder -fasern
www.fsc.org Zert.-Nr. SW-COC-004980
© 1996 Forest Stewardship Council

FSC

© 2010 Franckh Kosmos Verlags GmbH & Co. KG, Stuttgart
Alle Rechte vorbehalten
ISBN 978-3440-12257-0
Redaktion: Birgit Grimm
Produktion: Medienfabrik GmbH, Stuttgart
Grundlayout: eStudio Calamar, Spanien
Printed in Slovakia / Imprimé en Slovaquie